JN135438

農学と戦争

知られざる満洲報国農場

農学と戦争

知られざる満洲報国農場

足達太郎
小塩海平
藤原辰史

岩波書店

目　次

満洲報国農場の所在地

（黒川泰三編『凍土の果てに』所収の地図をもとに小塩作製）

1942 年に設立された報国農場
- ❶ 農事振興会（農業報国連盟）東寧報国農場
- ❷ 中央食糧営団成吉思汗報国農場
- ❸ 秋田県鶴山報国農場
- ❹ 山形県宝清報国農場
- ❺ 岐阜県白家報国農場

興安東省にあった報国農場
- ⑥ 青森県関家三戸報国農場
- 7 千葉県麒麟報国農場
- 8 奈良県十津川報国農場

北安省にあった報国農場
- ⑨ 岩手県老永府報国農場
- ⑩ 群馬県九道講報国農場
- 11 群馬県前橋郷報国農場
- ⓬ 埼玉県老街基報国農場
- ⓭ 新潟県西火犂報国農場
- ⑭ 徳島県双泉鎮報国農場
- ⓯ 香川県王栄廟報国農場
- ⑯ 愛媛県諾敏河報国農場
- 17 長野県旭日報国農場
- 18 長野県孫船報国農場
- 19 長野県宝泉報国農場
- 20 長野県双龍泉報国農場

龍江省にあった報国農場
- ㉑ 山形県大和報国農場
- 22 山形県協和報国農場
- ㉓ 福井県興亜報国農場

三江省にあった報国農場
- ㉔ 青森県巴蘭甲地報国農場
- ㉕ 青森県大光寺報国農場
- ㉖ 山形県宝山報国農場
- ㉗ 栃木県悦来報国農場
- 28 富山県大平報国農場
- ㉙ 長野県窪丹崗報国農場
- ㉚ 長野県公心集報国農場
- ㉛ 島根県大頂河報国農場
- ㉜ 岡山県浩良河報国農場

東安省にあった報国農場
- ㉝ 東京農大湖北報国農場
- 34 長野県珠山報国農場
- ㉟ 長野県下伊那東横林報国農場
- 36 長野県北哈嗎報国農場
- 37 長野県索倫河報国農場
- 38 長野県東索倫河報国農場
- 39 長野県西五道崗報国農場

牡丹江省にあった報国農場
- ㊵ 福島県呉山報国農場
- 41 長野県東海浪報国農場
- ㊷ 愛知県海南村報国農場
- ㊸ 和歌山県大平報国農場
- ㊹ 香川県半截溝報国農場
- ㊺ 香川県樺林報国農場
- ㊻ 香川県芦屯報国農場

濱江省にあった報国農場
- 47 山形県阿城報国農場
- ㊽ 長野県老石房報国農場
- ㊾ 長野県歓喜嶺報国農場
- ㊿ 長野県王家屯報国農場
- 51 長野県蘭花報国農場

吉林省にあった報国農場
- 52 山形県長春崗報国農場
- 53 群馬県駅馬報国農場
- 54 東京扶余報国農場
- 55 神奈川県大楡樹報国農場
- 56 福井県大平村報国農場
- 57 山梨県達家溝報国農場
- 58 山梨県甲府市菜園村報国農場
- 59 長野県金沙河報国農場
- 60 広島県上金馬川報国農場
- 61 広島県含路口報国農場
- 62 高知県飲馬河報国農場

四平省にあった報国農場
- 63 山形県劉美報国農場
- 64 大分県佐伯報国農場

奉天省にあった報国農場
- 65 長野県三台子報国農場

間島省にあった報国農場
- 66 滋賀県琿春報国農場
- 67 奈良県汪清報国農場

錦州省にあった報国農場
- 68 熊本県三安橋子報国農場

新京にあった報国農場
- 69 東京報国農場

◆1942 年設立
●1943 年設立
○1944 年設立
■1945 年設立
□勤労奉仕隊の派遣のみ

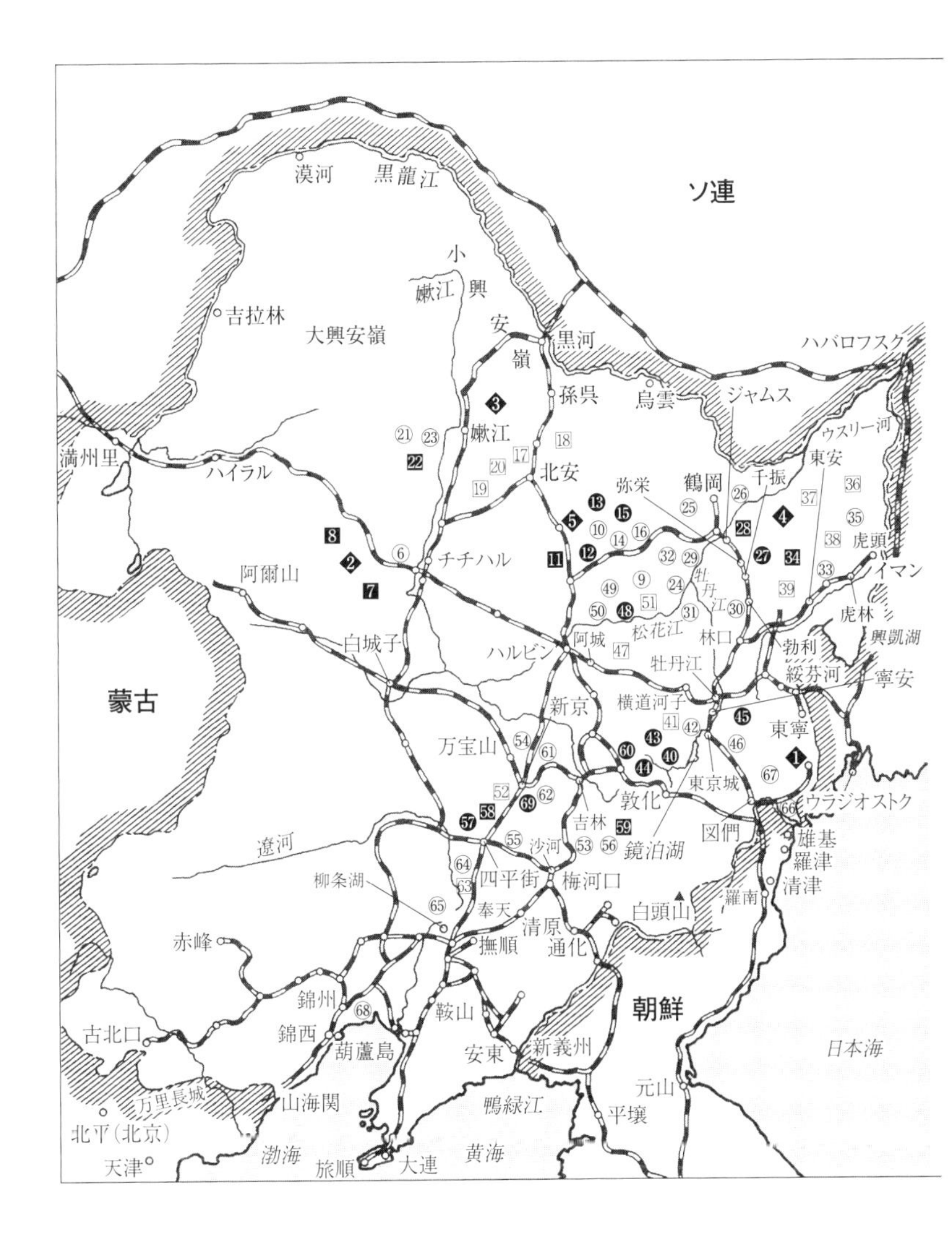
漠河
黒龍江
ソ連
小興安嶺
嫩江
吉拉林
大興安嶺
黒河
孫県
烏雲
ジャムス
ハバロフスク
ウスリー河
満州里
ハイラル
北安
弥栄
鶴岡
千振
東安
虎頭
イマン
チチハル
阿爾山
牡丹江
松花江
林口
勃利
虎林
興凱湖
白城子
ハルビン
阿城
綏芬河
寧安
蒙古
新京
横道河子
東寧
万宝山
東京城
ウラジオストク
敦化
吉林
図們
雄基
羅津
鏡泊湖
清津
遼河
四平街
沙河
梅河口
柳条湖
奉天
白頭山
羅南
赤峰
清原
撫順
通化
錦州
鞍山
朝鮮
古北口
錦西
葫蘆島
安東
新義州
日本海
万里長城
山海関
鴨緑江
元山
平壌
北平(北京)
渤海
黄海
天津
旅順
大連

序　満洲の「忘れ草」――農業、学問、戦争のあいだ

藤原辰史

問題意識の在り処

満洲国(まんしゅうこく)は、一九三二年三月一日に現在の中国東北部に「建国」された。これは、関東軍の策略と軍事行動によって形成された権益圏を日本政府が後追いで承認した「国家」であり、経済的には資源の眠る開発地帯であり、軍事的にはソ連と対峙する防波堤であり、文化的には日本ではやりにくいことを遂行できる実験場であり、中国の側からすれば傀儡(かいらい)国家でありまた偽の国家、つまり「偽満(ウェイマン)」であり、医学的には七三一部隊による人体実験がなされた人類史の汚点であった。

そして忘れられがちなのが、農業の歴史に刻まれた満洲である。満洲は、農林省の官僚たちや彼らのブレインであった農学者たちにとってはまた別の意味を持っていた。すなわち、日本の農村の「過剰人口」を整理する絶好のチャンスだと彼らによってみなされたのである。折しも、一九二七年の金融恐慌から一九二九年の世界恐慌を経て深刻化した経済状況のなかで、生糸の価格が下落し、養蚕に頼っていた農村の暮らしは、生命活動に支障が出るほど悪化する。

一九三四年一〇月一六日から一一月五日まで二一回にわたって『秋田魁新報』に掲載されたルポルタージュには、「学校を休んで「草の根」を掘りに」「紅葉のみあかく、部落民は飢る」「見渡すかぎり、さながら雑草園」「食うに米なく、病魔はびこる」「青稲の直立不動、稔ればイモチ病」「蠟燭の暗い灯に悲痛な訴え続く」などの見出しが躍った。たとえば、繭価の暴落で大打撃を受けた地域のルポルタージュ、「仙北で最も酷い生保内村の実際——平常貧迫の上に本年の飯米も危し」という記事ではこう書かれてある。

> 食糧の対策としての代用品も山から掘り採つて来るネバナ粉以外には現金で買はなければならずかんじんのネバナ粉採取も泰平の世に慣れてか古い家でさへも道具のある家は少く況してや新らしく世帯を持つた家などにあらう筈がない。ネバナ粉採取の道具を一揃え揃へるとどうしても安く見積つても拾円はかゝるから同村においては唯一の代用食たるネバナ粉さへもまゝにならないわけである。その他の楢の実、栃の実なども少く他村の如くに自由に拾うことが出来ない。唯一の頼みの綱とする山の幸、殊に秋の最も期待されて年産額二千五百円と目されているナメコも今年は僅々一割か二割ぐらいの収穫より見られぬし他の茸類もその例に洩れず、山へ上つて過度の労働の結果大飯を食ふか、栄養不良になるか結局骨折損のくたびれ儲けといつた情けない形ちである。故に若し最後の頼みとしている土木事業でも沢山施行してくれない限り冬分は餓死する者が必ず無いとは断言出来ない有様である[1]。

ネバナ粉とは、秋田県仙北地方の救荒作物の名前で、ワラビの根から作られた食べものである。コメが実らない場合、楢の実、栃の実、キノコ、山菜を頼るのが山の民の常道だが、それさえも不作で、もはや土木工事で日銭をかせぐしか餓死を逃れる方法はない、という状況が赤裸々に描かれてある。

つまり、満洲国とは、こんな記事が書かれるほど追い詰められた日本農業の矛盾の吐き出し口であった。日本から一〇〇万戸の農家を送り出し、まず日本国内の農家の経営面積を広げて生活を安定させ、人口密度の少ない満洲国に日本人の人口を増やし、ソ連との国境を防衛するという壮大な実験が実行されたのである。こうした一連の動きを満洲移民と呼ぶ。

本書の主題もまたこうした農業史の一部を構成している。一九四四年四月、満洲国の東安の湖北に創設された東京農業大学の「満洲報国農場」である。満洲報国農場については第一章以降で詳しく述べていくので、ここでは本書の問題の所在について述べておきたい。

本書は、満洲報国農場の歴史を通して、農学者がどのように満洲移民に関わり、どのようにその悲劇の原因となったのかを問う。『秋田魁新報』で報じられたような農民たちの貧窮状況に心を痛め、自身の学説によってそれを救えると信じた農学者たちがメディアを賑わし、天下国家を論じ、未来を語るだけでなく、世の中を動かしたあの時代は、食と農に関心が高まるいまの時代の住人にとって遠い過去ではなく、むしろ近しい過去と言えるだろう。食糧と農業が国家の枢要な問題であることは、飽食と貧困が混在し、前者が後者と別世界のものだと思い込んでも誰にも咎められない現在の日本社会も、やはり変わりない。農業を主たる研究対象とするわたしたちもまた、東京農業大学での満洲報国農場の展示の企画や、言論活動などを通じて世界のありように対する違和感を世に問うてきた。

ただ、農学者が天下国家を語り、正義を語る時代は実は危険であることもまた、満洲移民の歴史が教える事実である。だからこそ、一つの自戒としても、日本の農学者が、その学問の営みと世間への発信によって、国内外の多くの若い人々を死に追いやった事実と向き合いたいと思う。

そのためにまず、送った側ではなく、送られた側である当時の若者の目線から、あの時代の闇を見つめておきたい。なぜなら、満洲移民を推進した学者は自己を真摯に省みることからずっと逃げつづけ、あるいは意識的に避けつづけて、それなりの地位と名誉を獲得したあと死んでいったからである。代わりに自己凝視を続けている人々は、少なくとも、東京農業大学の満洲報国農場では、学者ではなく、学者たちの教え子たちであった。ここに見られる学界の知的劣化と民間の知の営みの迫力をまずは確認しておきたい。

体験者の俳句から

本書に登場する村尾孝（たかし）さんは、東京農大満洲報国農場に訪れたあと、ソ連が侵攻するなか命からがら日本にたどり着いた生還者である。村尾さんは、引退してから執筆した著書『萱草（かんぞう）の花野の果てに』[2]で、若き日の満洲体験について書いている。自分で詠んだ俳句をあいだに挟みながら執筆された「歌物語」であり、数十年にわたって胸中から消えることのなかった記憶をあえて文学表現に託した貴重な史料である。

村尾さんは現在、立命館大学国際平和ミュージアムのガイドとして活躍している。今回この本をあらためて読み返し、今まで満洲や農業の歴史研究をしてきた筆者は、自分の所業の見直しを迫られた。

自分自身、これまで何をしてきたのか。農学の自己凝視が不十分ではないのか、そんな叱咤激励を受けた本でもあった。

報国農場が一九四四年四月に創設されてから一年と四カ月後の一九四五年八月、ソ連軍が満洲国境を越え、村尾さんたちが逃げ惑う時期がちょうど夏から秋にかけてである。ゆえに、季語としては夏から秋にかけてのものが多い。いろいろな季語を使いながら、村尾さんは満洲の記憶を詠む。そのなかで、満洲の貴重な証言と思われる八句を取り上げたい。その八句を精読することで、満洲国が一体何をもたらしたのか、一体何を若い人に、村尾さんや村尾さんとともに体験を語り継いでこられてきた小川正勝(まさかつ)さんたちにどういう深い傷をもたらしたのかということがよくわかるだろう。

春飢えて遊女に貰う握り飯

これがなぜ満洲の句なのか。疑問に思うかもしれないが、村尾さんが一九四五年の段階で東京農大の学生の一人として満洲に渡ったとき、花街にふらふらと友達と一緒に迷うように入っていくと、そこで若い女性から握り飯を貰った。後でそれが遊女だったと気づいたという話である。しかも、若い女性たちがしきりに熊本の話を聞くということを村尾さんは書いている。なぜかというと、「からゆきさん」と呼ばれる女性たちが、天草から東南アジアに向かい、そこで自分の体を売って暮らしていたことは有名であるが、満洲にも流れ着いていたからである。つまり日本の底辺と言われている、あるいは日本の近代化のなかで、その近代を本当の意味で体を張って生き抜いてきた人々が日本の外、日本が進出した場所で、こういうふうに存在したということを、そして、「握り飯」を通じて、近代日本の犠牲者である若者とはかなく接している稀有な瞬間を、この句は活写している。

夏終わる苦力に声かけぬまま

広大な平原で農業を営む。当時、農民教育者で満洲移民の主唱者であった加藤完治（かんじ）や東京大学の那須皓（しろし）や京都大学の橋本傳左衛門（はしもとでんざえもん）たちは、勤勉な日本人が、未墾の土地を協力して耕し、現地農民を指導して、農業を営む理想を繰り返し喧伝した。現実にはしかし、村尾さんが見ていた通り、日本人だけではとても無理だった。日本人だけで経営するにはあまりにも広かったし、日本から持ってきた農法もしっくりこなかった。学者たちがしきりに語っていた「指導」など、事実上不可能だったのである。また、そもそも、満洲に住んでいる中国や朝鮮の農民の土地を安く購入して分配された土地も多く、その農民たちの労働力を借りないと農業経営など無理であった。この句の「苦力（クーリー）」という中国語に、そして、熊本出身の遊女とはあったはずの対話が苦力とのあいだに生まれなかった体験を描くことで、理想郷の矛盾と脆い地盤が説明されている。

高粱飯くれたる爺に萬年筆（ペン）与ふ

満洲に住んでいる中国人の「爺」。彼は、ソ連軍が攻めて来て、村尾さんたちが逃げている間に立ち寄った農家の家主だが、本来なら日本人に恨みをぶつけても不思議ではない立場であるにもかかわらず、高粱飯（コーリヤン）をくれた事実を描いている。その代わりに村尾さんは自分の持っていた萬年筆を爺に渡す。そういう短い交流を描いた句である。

逃避行のあいだ、今まで支配の側に立っていた日本人を救おうとした中国人や朝鮮人がかなり存在したことを、体験者である村尾さんはこの本のなかではっきりと記している。満洲国は日本人の悲劇であるだけではなく、日本が中国人や朝鮮人にもたらした禍（わざわい）の物語でもある。その隙間に垣間見えた優しい交流は、やはり、村尾さんの立場でなければこれほどの具体性をもって記せないものだといえよう。

土払いこぼれ大豆を拾い食ふ

ソ連軍の侵攻とともに、どうして逃げ惑わなければならなくなったか、一つの理由は周知の通り満洲国を守るべき軍隊が先に逃げたからである。つまり、満洲国創立の立役者である関東軍である。逃げた関東軍のあとを在満日本人たちは飢えに苦しみながら逃げていた。そのあいだに、足手まといになった子どもたちを殺してしまったという悲しい話も多く残されている。この句は、収穫後にこぼれていた大豆を拾って、村尾さんが食べたという話だが、大豆は熱を加えるか発酵させないと消化不良を起こすので、この句の情景のあとも想像せざるをえない句である。

兵の屍の熱くなりたる銃奪ふ

逃避行は、非常に暑い季節だった。途中で見かけた兵隊は亡くなって冷たくなっていたけれど、銃は鉄だから太陽があたって熱くなった。その銃を奪って、逃避行を続けて行く。満洲の逃避行の惨劇のなかに満洲の空気と大地の温度、もっといえば気象を感じさせる句である。

弾五発斃れざる馬花野跳ぶ

本のタイトルの「花野」が印象的に用いられている。逃避行のなかで食糧が尽きていく。しかし、まだ馬が何とか生きている。農大の学生なら馬ぐらい殺せるだろう、捌(さば)けるだろうということで、ともに逃げている軍人たちは村尾さんに銃をわたし、撃たせる。しかし、馬は生命力が強い。五発撃ったが、ぴんぴん跳ねている。その残酷な情景を恐ろしいほどまでに鮮やかに描いた句である。馬の血とカラフルな花の色が混交する。当時の記憶の色彩が蘇る句である。

氷つく霜が死化粧友の顔

一緒に逃げてきた友達が死んでいく。これは、ハルビンで収容されてからのことである。ハルビン収容所に最後に連れて行かれて、そこでみんな働き、死んでいく。ちょうど顔にくっつく霜が死に化粧のようだったという句である。

舞鶴の灯か漁火か遥かな灯

この句は、やっと日本に戻ってきた、という感慨を詠った句である。日本に着いたとき何が印象的だったかといえば、それは伯耆大山(ほうきだいせん)だったと村尾さんは振り返る。さらにいえば、日本列島の緑の色の濃さが目にしみたという話も満洲の「花野」と対比構造になっていて興味深い。

以上のような鮮烈な体験の数々を、一六、七歳の少年に体験させた、この満洲国とは一体何だったのか。これらの八句をもたらした満洲国の為政者と、それを支えた学問の責任は、今まで本当にきちんと問われてきたのだろうか。私たちも学問に携わる一人の人間として顧みるべき、本書のテーマは、繰り返すが、これにほかならない。

村尾さんは、満洲の東北部の平原に広がっている「萱草の花野の果てに」をタイトルに使った。あの、馬が暴れるシーンが目の前に現れるようなタイトルである。

実は、萱草には、別のネーミングもある。「忘れ草」だ。一日で咲き終わってしまう忘れ草のことである。村尾さんの句集のタイトルは、それゆえ、的(まと)を射ているといわざるをえない。学問は、忘れてはならないことを忘れるための道具ではない。あるいは、忘れてはならないことを無視するための言い訳でもない。忘れ易いことを忘れないための営みである。忘れ易いものは何であるか、見落とし易いものは何であるか。農学が戦争責任のみならず、戦後の説明責任さえ放棄してきた事実は、やはり重い。そして、村尾孝さんの自己凝視の真摯さとの違いも、あまりにも大きい。

第一章　東京農大満洲農場の記憶
——国家は学生を盾にし、大学はかれらを見すてた

足達太郎

満洲への夢とあこがれ

その年の桜は、四月一〇日には葉桜となっていた。山本正也（まさや）はこの日、東京農業大学（以下、東京農大もしくは農大とする）専門部農業拓殖（たくしょく）科に入学した。

東京農大の校舎はそのころ、渋谷区常磐松（ときわまつ）にあった。ここは現在、青山学院の一部になっている。当時は東京農大と青山学院の敷地が塀でしきられ、それぞれ独立したキャンパスだった。山本は中学を卒業したばかりの一七歳。東京郊外の私鉄沿線にすむ山本の目に、都心にある大学キャンパスの風景は、まぶしくうつったかもしれない。

午後からは入隊式があった。その時代、中学校以上の学校では軍事教練があり、これにあわせて東京農大では学生を部隊編成にしていた。だから入学と同時に入隊となるのだ。配属将校から農業拓殖科の新入生にむけて訓示があった——

「おまえたちはすぐに満洲（まんしゅう）へ行くのであるが、満洲ゆきの前に野外教練をおこなう」

ひと月前にあった入学試験でのできごとを山本は思いだした。口頭試問の控室に突然、当時としてはめずらしい背広姿の男がはいってきて、黒板に書きだした。

「拓殖科生は本年四月下旬から約三か月間満洲において農場実習を行う」

受験生たちからざわめきがおこる。まだ入学がきまったわけでもないのに……。背広の男が退出したあと、角帽をかぶった数名の学生が控室にはいってきた。農業拓殖科の在校生らしい。「○○はいるか？」などと名前をあげて受験生に話しかけている。後輩らしい受験生との会話がきこえてくる

——

「おまえ、満洲にいくんだろう？」

「……はい」

「いまさらいやといえないだろう」

「はい」

「がんばれよ。これから口頭試問で満洲ゆきのこと聞かれるぞ。それからなぜ拓殖科をうけたか、なんても……」

「何とこたえればいいでしょうか？」

「そうだよ、「海外雄飛」とこたえろよ。あっ、おまえ長男だったな。弟がいたっけ？」

「はい」

「それじゃあ、「弟があとをとります」とこたえておけよ」

「はい[1]」

農業拓殖科に入学すると満洲の農場で実習がある——このことを、山本はこのときはじめて知った。ほかの受験生たちもほとんど同様だったようだ。実習への参加はかならずしも強制ではなかったが、大学のことなどまだほとんど知らない受験生である。面接で「満洲へは行きません」などとこたえたら、入学をとりけされると思ったとしても無理はない。ときに一九四四年、日本はアジア太平洋戦争のさなかにあった。

現在の中国東北部にあたる満洲はかつて森林と湿地におおわれ、狩猟と牧畜をいとなむ人びとが住んでいた。近代になると農地の開発がすすみ、この地域をめぐって国家間での領土あらそいがはげしくなった。日本がこの地域を支配し、「満洲国」という〝国家〟に仕たてたのは、山本がまだ小学校にはいる前のことだった。

「建国」のモットーは「五族協和」と「王道楽土」。五族とは当時この地域に居住していた日本人・中国人（おもに漢民族）・満洲人・モンゴル人・朝鮮人のことである。「みんなで仲よく理想の国をつくろう」という意味だ。しかし、こうした理想とは裏腹に、その実態は日本の軍部が支配する傀儡国家だった。

つまり、独立国とは名ばかりで、政府の中枢は日本軍の一部である関東軍が支配していた。人口約四一〇〇万人。そのうち、わずか二パーセントにみたない日本人に社会的・経済的な特権があたえられたのに対し、それ以外の民族は差別された。

こうした実態は、一般の国民には巧妙にかくされていた。理想的な国家の建設をめざすという政府の宣伝は、多くの国民の心をとらえた。山本のような若者であればなおさらだっただろう。
そのころ、大学や高等学校の学生に愛唱された歌に「蒙古放浪の歌」というものがあった。「蒙古」はいまのモンゴル高原。日本からみれば満洲よりもさらに大陸の奥にある。この歌にはいくつかのバリエーションがあるが、東京農大で「愛唱歌」と称されていた歌詞の二番は次のようなものであった。

波の彼方の蒙古の砂漠
男多恨の身の捨てどころ
胸に秘めたる大願あれど
生きて帰らむ希みは持たぬ[2]

「蒙古」も「満洲」も、当時の若者たちにとって、いつかチャンスがあればいってみたい、夢とロマンにみちたあこがれの土地だったのだ。ちなみに、蒙古のイメージが「砂漠」であるのに対し、満洲は「赤い夕日」だった。それもまた、次のような歌から連想されるイメージだったのだろう。

ここはお国を何百里
離れて遠き満洲の
赤い夕陽に照らされて

友は野末(のずえ)の石の下

（真下飛泉作詞、三善和気作曲「戦友」）

だが、そうした夢やあこがれは、山本のような普通の学生にとっては、そう簡単に実現できるものではなかった。

かつて、満洲や蒙古（あわせて「満蒙(まんもう)」とよぶ）、中国などに志をいだいてわたり、さまざまな活動をする人たちがいた。かれらは「大陸浪人」とよばれ、なかには辛亥革命に関与したり、冒険小説のモデルになったものもいて、当時の若者たちのヒーローとなった。しかし実際には、軍の活動に従事したり、利権めあての政治的なゴロツキになったり、一旗あげることができず、浮浪者のような生活をしていたものも多かったという。つまり、まともな職業ではなかったのだ。

普通のサラリーマン家庭でそだった山本にとって、中学を卒業するまで満洲にいくことなど非現実的な夢だったにちがいない。しかし、東京農大に入学した山本は、満洲での農場実習への参加という形で、これを実現することになる。かれは幸運だった。

しかし、「幸運」だったのは、かれが夢を実現したからではない。満洲から生きてかえってこられたからである。

満洲の実習農場でおこったこと

これから本章でのべるのは、その満洲にかつてあった日本の大学の実習農場にまつわる物語である。

そこには、農学教育史上最多の犠牲者をだしたといわれる東京農大満洲農場殉難事件の経緯もふくまれている。

この実習農場についてはいくつかの記録がのこされている。書きとめたのは、殉難事件からの生還者をふくむ、満洲での実習にかかわった当時の学生や関係者である。これらはおもに、一九八〇年代から九〇年代にかけて自費出版や校内誌といったミニコミによって出版された。大部数のマスコミにのらなかったのは、当時の微妙な日中関係が背景にあったかもしれない。いずれにせよ、この農場と事件のことが世間の目にふれることはこれまであまりなかった。

わたしは、農学系の大学につとめる現役の教員である。年に何度か学生の農場実習の引率を担当している。また、東北部ではないが中国の農村で学術調査をした経験もある[3]。そんなこともあって、満洲の農場に関する記録類を読んでいると、実習にはげむ学生たちの姿や現在の中国の様子が当時の情景にかさなってくる。七〇年あまり前のできごとではあるが、わたしたちをとりまく農学の教育や研究の現況と似かよっている点もすくなくない。

本章の目的は、この農場でおこったできごとを、おもに若い人たちにつたえることである。一大学教員の視点から、現在の大学生にも理解できるよう、当時の時代背景もおりまぜながら語ってゆくつもりである。

ただ、その際にひとつ気をつけなければならないことがある。この農場には設立以前から非常に多くの人たちがかかわってきた。関係者による手記などを読むと、殉難事件をふくむさまざまなできごとの受けとめかたが、人によって大きくちがっていることがわかる。語り手としては、できるかぎり客観的につたえていきたいと思うが、個人のもつ主観を完全に排除することはむずかしいかもしれない。

そのため、できればこの章で引用している文献にも目をとおしてほしいのだが、あいにく先ほどのべたようにミニコミが多く、入手困難なものもすくなくない。そこで、殉難事件からの生還者である黒川泰三(たいぞう)氏にあらたに書きおろしていただいた手記を、本書の巻末に収録した(二三七―二四五頁)。そちらのほうもぜひ読んでいただきたい。

戦時下の学制と東京農大

まず、当時の学制についてみておこう(**表1**)。

アジア太平洋戦争敗戦後に改革されるまでの学校制度(旧制)のもとでは、帝国大学・帝国大学以外の大学(本科)・専門学校という三種類の高等教育機関があった。それぞれ制度の根拠となる法律がちがうのだが、世間的にはいずれも「大学」とみなされていた。東京農大では一九二五年以降、大学と専門学校が併存しており、前者を農学部、後者を専門部として区別していた。農業拓殖科は専門部の傘下にあった。

帝国大学とそれ以外の大学本科に入学するには、三年制の高等学校(新制の高校とはことなり、大学の教養課程に相当)、もしくは二年ないし三年制の大学予科を卒業する必要があった。いっぽう大学専門部にはいるには、中学校か実業学校を卒業していればよかった。その場合、通常なら入学時の年齢は満一七歳である。

表1　戦前（1942年）と戦後（1949年以降）の学制の比較

<table>
<tr><th rowspan="2">満年齢（典型的な例）</th><th colspan="3">戦前（旧制）</th><th colspan="2">戦後（新制）</th></tr>
<tr><th>帝国大学令による大学</th><th>大学令による大学</th><th>専門学校令による大学</th><th colspan="2">学校教育法による大学・短期大学</th></tr>
<tr><td>24</td><td></td><td></td><td rowspan="2"></td><td rowspan="2"></td><td rowspan="3"></td></tr>
<tr><td>23</td><td rowspan="3">帝国大学3年（医学部は4年）</td><td rowspan="3">大学本科3年（医学部は4年）</td></tr>
<tr><td>22</td><td rowspan="2"></td><td rowspan="4">大学4年（医・歯・獣医・薬学部は6年）</td></tr>
<tr><td>21</td><td></td></tr>
<tr><td>20</td><td rowspan="3">高等学校3年</td><td></td><td rowspan="3">大学専門部3年（医学専門学校は4年または5年）</td><td rowspan="2">短期大学2年または3年</td></tr>
<tr><td>19</td><td rowspan="2">大学予科2年または3年</td></tr>
<tr><td>18</td><td colspan="2" rowspan="3">高等学校3年</td></tr>
<tr><td>17</td><td colspan="2" rowspan="5">中学校5年（4年修了で高等学校または大学予科・専門部への進学も可）</td><td rowspan="5">実業学校5年</td></tr>
<tr><td>16</td></tr>
<tr><td>15</td><td colspan="2" rowspan="3">中学校3年</td></tr>
<tr><td>14</td></tr>
<tr><td>13</td></tr>
<tr><td>12</td><td colspan="3" rowspan="2">小学校6年（5年修了で中学校・実業学校へ進学も可）</td><td colspan="2" rowspan="2">小学校6年</td></tr>
<tr><td>11</td></tr>
</table>

旧制では、小学校から中学校、中学校から高等学校・大学へ、既定の就学年数よりも一年はやく進学する飛び入学制度があった。このため、一五、六歳で高等学校や大学に入学するものも少数ながらいたし、いまと同様、浪人しておくれて入学するものもいた。ところが一九四三年からは、戦況の悪化にともない、中学校と実業学校の就学年数が五年から四年に短縮された。そのため大学専門部の入学年齢は満一六歳となった。いまでいえば高校二年生にあたる生徒たちである。

東京農大の専門部に農業拓殖科が開設されたのは、一九三八年のことである。その二年前には、日本の針路に重大な影響をおよぼすことになったクーデター未遂事件、二・二六事件があった。その背景には、世界恐慌(一九二九年)による経済の悪化や東北地方の大凶作(一九三一、三四年)による農村の困窮があった。

日本政府はその対策として、一九三二年から満洲と内蒙古(現・中国内モンゴル自治区)に入植者をおくりこむ事業を開始した。農村人口にもとづいて移民数のノルマを府県や町村に割りあて、町村単位で入植移民者を編成するという計画である。計画は実行にうつされ、集団で大陸におくりこまれた入植者たちは「満蒙開拓団」とよばれた。

こうした世相は大学にもおよび、植民地の開拓に貢献する人材をそだてることが、社会的な要請となった。それをうけ、一九二五年に東洋協会大学(現・拓殖大学)専門部拓殖科、一九三〇年に国士舘高等拓殖学校、一九三七年に日本大学専門部拓殖科がつぎつぎと開設され、翌年には前述のとおり東京農大専門部にも農業拓殖科ができた。あたかも拓殖ブームが到来したかのようないきおいである。

「拓殖」とは、辞書によると「未開の土地を開拓し、そこに移り住むこと」(『大辞林 第三版』三省堂)である。移り住むほうとしては、たしかにそうだろう。だが、日本政府が当時対象としてえらんだのは、未開といえども他人の所有地である。よそからきた人間に自分たちの土地を勝手に〝開拓〟され、住みつかれる。そんな土地のことを一般に「植民地」という。実際、「拓殖」という語の英訳はcolonization(植民地化)である。

ともあれ、こうしてできた東京農大専門部農業拓殖科の教育内容は、どのようなものだったのだろうか。

当時のカリキュラムをみると(表2)、一年生の講義科目は「作物学」「園芸学」「病虫害論」といった理系の科目が主体である。「経済原論」「農業経営学及農業簿記学」「商業概論」といった文系科目は二年生以上でまなぶことになる。語学は英語のほかに中国語またはスペイン語のいずれかを選択した。(4)

表2　東京農大専門部農業拓殖科の教育課程

講義の部(毎週教授時数)			
学科目	第1学年	第2学年	第3学年
修身	1	1	1
国史	2		
教育学			1
英語	2	2	2
支那語又はスペイン語	4	4	4
植民史及植民政策		2	1
植民地事情		2	2
移住地経営			2
農業機械学及農業土木学	2	2	
測量学	1		
農産製造学		2	
作物学	2	2	
園芸学	2	1	
病虫害論	2		
地質学及鉱物学	2		
土壌学及肥料学	2		
農業気象学		1	
畜産学		2	
獣医学			2
林学			2
経済原論		2	
農業経営学及農業簿記学		1	2
産業組合論			1
商業概論			2
武道	2	1	1
体操	2	2	2
特別講義	不定時	不定時	不定時
計	26 不定時	27 不定時	25 不定時

実習実験の部(毎週教授時数)			
学科目	第1学年	第2学年	第3学年
農場実習	6	6	6
移住地経営演習	不定時	不定時	不定時
農業機械及農業土木実習	不定時	不定時	不定時
測量実習	3		
農産製造実習			3
殖民訓練実習	*1	*1	*1
計	9 不定時*2	6 不定時*2	9 不定時*2

＊1：休業中20日以上現地に於て訓練を行う
＊2：休業中20日以上
出典：大野編(1940)157-158ページより作成.

「農場実習」は、用賀と三鷹にある農大の付属農場でおこなわれた。用賀農場は畑や果樹園、牧草地のほか、温室や家畜舎などが完備され、当時としては最先端の研究と教育のための農場だった。渋谷から用賀までかようため、「タマデン」とよばれた東急玉川線（一九六九年廃止。路線は現在の田園都市線の一部に相当）の切符が学生たちに支給された。水田での実習は三鷹農場で実施され、最寄駅の仙川まで、井の頭線と京王線をのりついでかよった。

農業拓殖科をもっとも特色づける科目が「拓殖訓練実習」（表中では「殖民訓練実習」となっている）である。学科設立当初のカリキュラムでは、夏季休暇中に、一年生は樺太（カラフト）（現・ロシア連邦サハリン州）、二年生は満洲、三年生は台湾で、それぞれ二〇日以上の実習をおこなうことになっていた。しかし、山本らが入学した一九四四年からは、一年次に満洲へいくことになったのである。この変更は、なぜおこなわれたのだろうか。

当時は、日本固有の領土以外で日本人が居住する地域のことを、「外地」とよんでいた。もっともこれは慣用語であるため、その範囲を正確に定義することは困難である。たとえば日露戦争後に獲得した朝鮮（現在の北朝鮮と韓国）・台湾・関東州（中国遼寧省大連市の一部地域）・南洋諸島（北マリアナ諸島・パラオ・マーシャル諸島・ミクロネシア連邦）・樺太・満洲などを外地とよぶ場合もあれば、南樺太を日本固有の領土として「内地」とするケースもあった。満洲は獲得領土ではなく独立国であるという建前から外地にふくめず、「外国」とする場合もある。

東京農大は、前述のとおり用賀などに付属農場を所有していたが、外地にはもともと実習や訓練のための自前の農場をもたなかった。一九三一年に樺太で一九〇ヘクタールの土地の寄付をうけて農場を開設した以外は、必要に応じて実習施設を借用していた。台湾では製糖工場の敷地の一部を、満洲では在校生あるいは卒業生のつてで農場や牧場を借りうけ、ようやく実習のための農場を確保した。

こうした外地の実習農場を確保するために、多くの関係者が奔走したことは想像にかたくない。「拓殖」を看板にかかげている学科にとって、外地における実習場所は不可欠である。とくに満洲は、当時の国策で「日本の生命線」とよばれ、植民地化がもっとも推進されていた地域である。借りものでない自前の農場を満洲にもつことは、東京農大にとって悲願だった。

教育の大陸移駐化

満洲事変後、日本政府は二〇年間で五〇〇万人の日本人を〝満洲国〟各地に入植させ、移民の住居を一〇〇万戸建設するという遠大な計画をたてた。しかし、一九三七年からの支那事変、一九四一年からのアジア太平洋戦争の戦況悪化もあって、移住者の数はのびなやんだ。政府はテコ入れ策の一環として、一九四二年に在満報国農場という制度をつくった。府県や農業団体などに政府公認の農場をわりあてるというもので、報国農場に指定されると財政的援助がえられるうえに、開拓地を固有資産にすることがみとめられた。本来の所有者の意思とは無関係に、他国の政府がその土地を自国民の所有とすることを勝手にみとめるというのである。

これはしかし、満洲に農場をもちたかった東京農大にとっては「わたりに船」であった。一九四三年九月、農業拓殖科科長の住江金之(すみのえきんし)と同科主事の太田正充(まさみつ)は満洲をおとずれ、新京(現在の長春)にある開拓総局で農場の設置場所についてうちあわせをおこなった。さらに東安省(現在の黒竜江省東部)におもむき、農場予定地を視察した[5]。

だが、農場用地の取得だけではまだ不十分である。報国農場の認可を維持するためには、それなりの実績をあげなければならない。この広大な原野をいったいだれが開拓するのか。通常ならカリキュラムどおり、農業拓殖科の二年生が夏季休暇中に満洲で実習をおこなうことになっている。しかし、それでは期間的にも人員的にも不十分である。そこで、主事の太田は実習期間を延長することをかんがえたようだ。農場予定地の視察にいく直前に、太田は『満洲新聞』の記者に次のように語っている。

従来各学年を通じて一か月ずつ、一年は樺太、二年は満洲、三年は台湾で実習し、さらに勤労奉仕隊として三か月満洲へ来ていたのであるが、この三か月の奉仕期間では気候、風土に慣れるのに一か月半もかかり、慣れると帰る予定をするような始末で、どうしても半年以上腰をおろしてやらぬと大陸の心になることができない。〔略〕そこで私の大学では、一年生は内地で基礎教育をやり、二年生は満洲で、三年生をふたたび内地で仕あげる最後の教育を施そうとするもので、教育の大陸移駐化である[6]。

ちなみにこの「教育の大陸移駐化」というフレーズは、新聞社の整理部員の目をひいたらしく、記事の大見出しとなった。

ところがこの年、一九四三年の一〇月から、それまでは卒業まで入隊が猶予されていた二〇歳以上の理工医系および教員養成系以外の大学生が徴兵されることになった。いわゆる学徒出陣である。農業拓殖科は文科系とみなされたため、一二月には約二〇名が出征していった。さらに翌年からは、徴兵年齢を一年ひきさげることになった。一九歳といえば、二年生の多くがこの年齢である。農場建設の実働部隊として二年生に期待していた太田としては、あてがはずれたことだろう。

じつはこの太田こそが、本章の冒頭で山本が農業拓殖科の入試面接をうけた際に、満洲での実習についての告知を黒板に書きだした人物である。

これは推測だが、太田ら農大関係者はそのとき、入学したばかりの一年生を農場建設に動員することを思いついたのではないだろうか。そのためにはカリキュラムを大幅に変更しなければならないが、これからだと翌年度の新入生を募集する時期に間にあわないだろう。——かれらがそうかんがえたとすれば、太田がわざわざ入試面接の控室にやってきて、受験生に満洲農場実習について告知し、在校生に勧誘をしむけたこととも辻褄があう。

いずれにせよ、一年生を主体とした拓殖訓練実習を満洲報国農場でおこなうという方針がかたまったのは、このころだったとかんがえられる。この方針は実施にうつされ、一九四四年の四月に入学した七期生がまず対象となった。学生たちは湖北の農場で三か月の実習をおこない、一一月初旬に無事帰国した。実習は、後述するように一部でトラブルもあったが、おおむね太田の思惑どおりにはこんだ。しかし、翌年の四月に入学した八期生の実習はそううまくはいかなかった。それどころか、とんでもない事態がおこることになる。この時点で太田はそのことをわずかでも予感することはなかったのだろうか。気になるところであるが、今となっては知るよしもない。

農場の建設

一九四四年五月八日、東京農大農業拓殖科の二、三年生を主体とする約三〇名の学生が、満洲東部の湖北に到着した。八月からはじまる拓殖訓練実習にさきがけ、農場の設備と機能を整備するために志願して参加した学生たちである。かれらは「先遣隊」とよばれた。

二年生（六期生）の中島敏之（としゆき）（当時一八歳）は、前年の夏に一か月間、樺太で拓殖訓練実習をうけていた。前述のとおり、樺太には農大の実習農場があったが、満洲では何もない原野をきりひらくのである。それに、日本の領土（当時）であった樺太とはことなり、満洲は国外である。栃木県出身の中島にとっては、これがはじめての大陸への渡航だった。

下関から釜山（プサン）までの連絡船の船内で、農大生三名が海軍の水兵にいいがかりをつけられ、殴打されるという事件があった。ハルビンでは、駅のホームで学生たちが東京農大の応援歌「青山ほとり」で気勢をあげていたところ、憲兵隊に連行され、派出所内で体罰をうけた。農大生らしいエピソードといえなくもないが、軍隊の内部では日常的な暴力が横行していた時代である。

学生たちはまた、いたるところで満人（まんじん）や朝鮮人に対する日本人の横柄（おうへい）な態度を目のあたりにした。ここでいう満人とは、満洲国に在住する漢族、満洲族、蒙古族をふくめたよびかたであり、人口のうえではこのうち漢族が圧倒的多数をしめていた。

釜山から京城（けいじょう）（現ソウル）へむかう列車内では、朝鮮人の乗客が日本人のいる座席にちかづくことを車掌があからさまに妨害した。これをみた中島は啞然とし、その日の日記に憤懣（ふんまん）をこめて、「五族協和の標語はいずこに？」と書いた(7)。

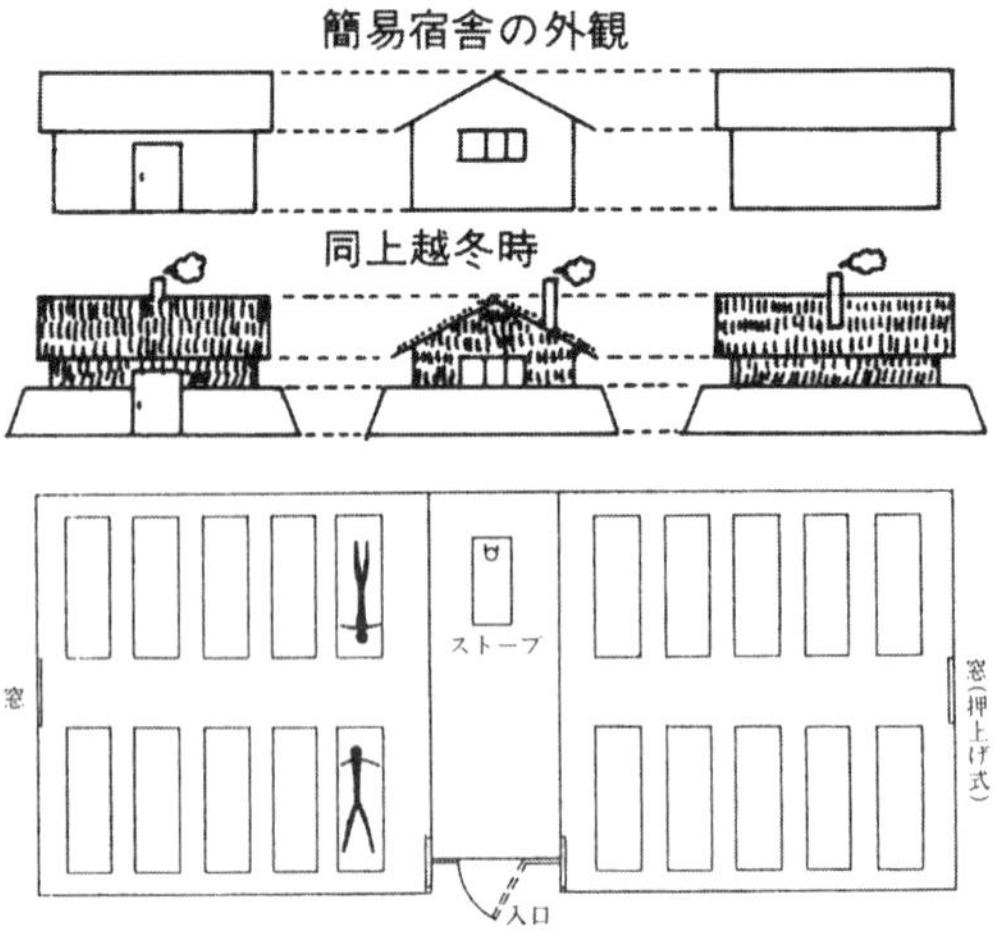

図1　農場宿舎の外観と内部．外観のスケッチは岸本嘉春氏(東京農大専門部農業拓殖科6期生)による．黒川編(1984)34ページおよび中島(1990)55ページより．

農場がある湖北はソ連(現ロシア連邦)との国境にほどちかい。湖北という地名は、興凱(こうがい)湖(中国語よみではシンガイフー、ロシア語ではハンカ湖(オーズィラ・ハンカ))という大きな湖の北にあることに由来する。この地域は完達山脈のふもとにひろがる湿地帯で、「北大荒(ベイダアホアン)」とよばれていた。広大な北の荒野という意味だ。緯度でいえば北海道とサハリン島とのあいだの宗谷海峡にあたる。大陸性の気候で冬はマイナス三〇度以下にまでさがる。土壌が地中ふかくまで凍結し、鍬(くわ)をふるっても鉄のようにはねかえされる。

そんな湖北にも、雪どけの季節がおとずれていた。中島ら農大生は、駅ちかくの小学校をかりの宿とし、一二キロメートルはなれた農場用地まであるいてかよった。まずは農場内に宿舎を建設するのだ。

宿舎用の建設資材はすでにはこんであったが、集積地から建設用地まではかなりの距離があった。農場の手前には湿地がひろがっていた。雪どけ水が腰までひたる場所を二キロほどあるかねばならない。「谷地坊主（やちぼうず）」とよばれる、群生してもりあがったスゲ属の植物の株を、学生たちは飛び石がわりにしてわたってゆく。中島にはこれがたのしかった。谷地坊主をふみはずして転倒する友人たちと、水あそびをする子どものようにはしゃいだ。

宿舎は、満洲拓殖公社より支給された組立パネル式の木造住居である。壁板・床板・屋根・部屋の間仕きりなどに資材が分割され、もちはこびできるセットになっていた。プレハブ住宅のはしりである（図1）。八畳二間の住居が約二時間で完成した。

図2　農場での作業風景．水くみ（上）と薪あつめ（下）．川浪信夫氏（東京農大専門部農業拓殖科6期生）によるスケッチ．中島（1990）57ページおよび62ページより．

宿舎の玄関をはいると、土間に薪ストーブがおいてある。土間の両側には八畳分のひろさの板の間がある。床板のうえにアンペラとよばれるカヤツリグサ科の植物の茎でつくった莚（むしろ）をしき、そこに布団をしいてねる。照明は灯油ランプ。宿舎一棟に二〇人まで収容可能だ。

井戸はまだないので、一キロちかくはなれた小川までバケツをもって水をくみにいった。山からかついできた太い丸太をのこぎりでひき、斧でわって薪にする(図2)。

湿地で水はけがわるいため、宿舎まわりや道路わきに側溝をほった。井戸ほりもはじめた。本格的な実習圃場にはまだおよばないが、小規模な野菜栽培も開始した。

直径一メートルほどの大きさの土盛りをいくつもつくり、そこへカボチャの種子をうえる。肥料などは何もやらない。これは太田が学生たちに伝授した栽培方法で、「原始栽培」とよんでいた。用賀

写真1　湖北農場より完達山脈へとつづく裏山をのぞむ．手前に入植祭のための祭壇がもうけられている(1944年6月)．田中博也氏(東京農大専門部農業拓殖科6期生)所蔵.

写真2　入植祭後の宴会の様子．腕まくりをした左端着座の人物が太田正充主事(1944年6月)．田中博也氏所蔵.

農場で化学肥料などをつかう最先端の農法をならってきた中島には、本当に収穫できるのか不安だったが、太田がいうにはこれで大丈夫だという。これはおそらく、アフリカなどの熱帯地域でイモ類や雑穀類を栽培する際に、高い畝立てや土盛りをするマウンド農法から着想をえたものだろう。湖北のように水はけのわるい土地では有効だと思われる。海外の農業事情にくわしい太田らしいこころみといえよう。

農場の建設は急ピッチですすみ、五月下旬には先遣隊全員が三棟の農場宿舎への入居を完了した。これを記念して六月一五日に入植祭を開催した（**写真１・２**）。近隣の開拓村などから来賓を招待し、祭壇をもうけて神主に祝詞をあげてもらった。拓殖訓練実習の担当教員として満洲農場の開設に奔走した太田にとっては、よろこびもひとしおであったにちがいない。

太田正充の経歴

太田は一九〇一年一一月、愛知県に生まれた。祖父までは美濃（岐阜県）・高須藩士で、父は三重県職員だった。太田が小学生のころに一家で東京に移住する。小学校卒業後、成城学校（現・成城中学校・高等学校）に入学。当時の成城学校は陸軍士官学校への予備校的な存在で、太田もはじめは軍人志望だった。小柄だったが剣道で体をきたえ、全国中学校剣道トーナメントで優勝。ここまではややマッチョなイメージだが、やがて軍人への熱はさめていった(8)。

一九一九年、東京農大予科に入学。大学でも剣道部に入部して活躍するいっぽう、カントなどを原書でよむほどに哲学や宗教書に没頭する。そのほかに謡曲・詩吟・琵琶・マンドリン・ハーモニカなどにもしたしんだ。授業にはあまりでなかったが、試験になると要領よく成績をあげ進級できたという。

一九二四年に農大本科を卒業。岩手県立蚕業学校に就職。岩手で六年ほどすごし、この間に鈴木みつと結婚。一九三〇年に東京にもどり、東京帝国大学農学部内にある日本作物学会の事務局につとめた。事務局がおかれていたのは当時の農大学長・吉川祐輝が主宰していた作物学の研究室であった。太田は事務仕事のかたわら、吉川の指導をうけながら、工芸作物などの研究をおこなっていたようである。

一九三一年、前年に世田谷に開校したばかりの国士舘高等拓殖学校に赴任する。この学校はその後、神奈川県の登戸に移転して日本高等拓殖学校となった。「高拓」とよばれたこの学校は、ブラジルへ移民する日本人指導者の養成機関として知られた。太田はここに教授としてまねかれ、教務主任兼農場主任をまかされる。

高拓在職中の一九三二年、太田はブラジルへの出張を命じられる。名目はアマゾナス州とサンパウロ州における農業および移民事情調査。アフリカとインドを経由して現地にわたり、一年半にわたる滞在中にジュートに関する研究論文をまとめた。

この在外経験は、太田の人生において大きなインパクトとなった。三〇歳をすぎ、脂ののりきった時期である。ブラジルの広大な大地で開拓の理想をえがき、男として夢とロマンをかりたてられたのだろう――太田の長女・淑子は、父の胸中を想像してのちにそう記している。

高拓は一九三七年に閉校となり、太田は長野県にあった更級農業拓殖学校にうつる。長野県といえば、満蒙開拓団員を全国でもっとも多くおくりだした県である。太田が満洲にかかわるようになったのは、この時期からである。満蒙開拓青少年義勇軍の派遣にも関与し、満洲への視察にもでかけた。満蒙開拓青少年義勇軍とは、日本内地の数え年一六歳から一九歳の男子を満洲国に開拓民としておくりだす制度である。各道府県で選抜された青少年は、茨城県内原にあった訓練所で三か月のあいだ、学習、武道、体育、農作業の基礎訓練をうけた。その後満洲にわたり、現地の訓練所で三年、農業と軍事の訓練をうけたのち、義勇隊開拓団として入植した。入植時、義勇軍の少年たちには農機具とともに武器があたえられた。一九三八年から一九四五年までに八万六〇〇〇人の青少年がおくりだされたといわれる。

太田は一九四一年、母校の東京農大に助教授として招聘される。ブラジルに長期滞在した経験があり、満洲開拓にもかかわってきた太田は、設立後間もない農業拓殖科から大きな期待をもってむかえられたことだろう。

さて湖北農場である。入植も完了し、これから本格的な開拓にのりだそうとしていた矢先、思わぬところから横槍がはいった。

六月に実施される教練査閲のため、先遣隊の学生を全員帰国させよという配属将校からの命令である。各学校での軍事教練の成果を評価するため、年に一回軍から査閲官が視察にくるのである。

勤労奉仕隊として外地にきているのだから、査閲などは免除されるだろうと太田たちは楽観視していたが、軍の命令にはさからえなかった。先遣隊のなかには、志願して参加した一年生が一一名いた。

かれらは査閲終了後に渡満する実習本隊の到着まで待機し、現地で合流する予定だったが、わずか一日の査閲のために湖北と東京を往復する羽目となった。

一か月半のブランクをへて、八月上旬に実習本隊が湖北に到着したとき、農場は雑草におおわれていた。原始栽培のカボチャはみる影もなく、農機具小屋が失火により焼失していた。

そんな手いたいダメージにもかかわらず、太田は前むきだった。このころ、内地の新聞にこんな寄稿をしている。

開拓には苦闘が払われねばならぬ。そして高い文化、高い理想が必要である――わたしは教室で常にこのことを説いたが、学生は夢物語としか聞いていないようだった。それが今度先遣隊として渡り、身をもって体験してその意義が初めてわかったようです。これは確かに大きな収穫でした。(9)

〔略〕微力に見えた一鍬一鍬ではあったが、若さと闘魂はいつの間にか幾つもの畑を仕上げた。五十町歩の本部外郭には幅二メートルの壕(ごう)と土手が築かれ、畑にはスイカ、カボチャ、ダイズ、ナス、バレイショ、トウモロコシ、カンランなどが作付けされた、ここまできて学生たちはようやく理想郷の輪郭を見ることができた。〔略〕

学生は純で朗らかで闘志に燃え、生活を楽しくすることにも妙を得ています。ある者はフライパンをしのばせてきて手料理の腕を見せて仲間を喜ばせ、ある者は抹茶の道具持参で茶をたてる風雅さを見せてくれました。〔略〕またある者は入植から帰るまで丹念に気象観測を実行し、農事

の基礎資料を整え一同を驚かした――こんな具合に学生の日常生活は朗らかで科学的です。〔略〕
わたしは南米アマゾンの開拓にも手をつけたことがありますが、今度のように感激と張合いを覚えたことはありません。各方面の期待に背かぬ立派な開拓村を仕上げてみせます。(10)

学生たちとともに開拓の夢につきすすむ太田の意気ごみがつたわってくる文章である。しかし、時代の趨勢は、太田の思惑とはちがう方向へとむかっていた。

一九四三年後半以降、日本軍はインパール作戦をはじめ南方戦線に戦力をかたむけたため、満洲の防衛は手薄になっていった。一九四四年六月、マリアナ沖海戦で敗北。七月にはサイパン島の日本軍守備隊が全滅し、一一月以降、日本本土への米軍機による空爆が本格化した。だが、こうした戦況悪化の事実は内地にいる一般国民にはふせられていた。では満洲にいた日本人移住者たちはどうしていたのだろうか。

満洲への移住政策は前述のとおり、もともと農村の貧困対策としてはじまったものだった。満洲にいけば自分の土地がもて、たべる心配はなくなると宣伝された。しかし、戦況の悪化にともなって、貧困解消のための政策は、いつしかアメリカ・イギリス・中国などとの総力戦体制をささえるための戦略へと変質していった。そんななかで、移住先としてとくに重要視されたのが満洲北部（北満）だった。その理由は、北満には未墾地が多かったこと、そしてきたるべき対ソ連戦へのそなえとすることだった。(11)

北満への移住がなぜ戦争の準備になるのか。それは、最前線となることが想定される地域にあえて民間人を配置することによって、敵に攻撃を思いとどまらせる戦術、すなわち「人間の盾」である。この戦術を採用するのに、湖北などはうってつけの場所だった。前述したように、ソ連領までわずか数十キロメートルほどの国境地帯である。自分たちがソ連に対する盾に利用されているとは、この地に入植した日本人移住者や実習学生たちは、もちろん知るよしもなかった。

湖北農場での実習生活

湖北の初夏は、うつくしい季節である。ノカンゾウの花が原野をオレンジに色どり、白い大輪のシャクヤクと紫のアヤメがアクセントをそえる。ヒメユリやスズランも咲きほこり、まさに百花繚乱。天然の大花壇にはミツバチがむらがっている。不意にノロジカがあらわれ、こちらをじっと見ている。おいかけるとピョンとにげて、またふりむく。ついておいでとさそっているかのようだ。ときおりタンチョウヅルが優雅に舞いおりてくる。裏山にはキジがにぎやかに群れをなしている。一日のおわりには、満洲の夕日が完達山脈の山すそにひろがるシラカバ林をまっ赤に照らしだす。

八月からはいよいよ実習本番である。とはいっても、側溝ほりや草刈りといった作業がほとんどで、建設作業の延長のようなものである。草刈りの対象はおもに羊草(ヤンソウ)とよばれるシバムギモドキだった。農耕地にはえれば雑草だが、本来は牧草であり、家畜の餌になった。

湖北にやってくるまで、山本ら一年生(七期生)は、馬が群れをなして乳牛が草をはむ北海道の大牧場のような風景や、大型の農業機械をそなえた近代的農場を想像していた。常磐松の教室などで太田がそんな話を吹聴していたからだ。湖北までの列車内で、そのことを太田にたしかめると、「まだ何もないよ。あるのは宿舎だけだ」という。これには山本もがっかりした。太田は車窓に目をやりながら、だれにいうとでもなく、こうつぶやいた。――「これからみなで建設していくのさ」。

そんなことがあったせいか、農場に到着してからしばらく、食事時になると学生たちは、「ブドウ酒も飲もう！　牛乳も飲もう！　汁粉(しるこ)もたらふく食おう！」と唱和した。太田の口癖をまねるのである。しかし、牛乳や汁粉が食卓にでることは、ごくたまにしかなかった。

報国農場に対しては、主食のコメや味噌・醤油、そのほかの生活に必要な物資が、満洲国政府傘下の開拓総局から配給されることになっていた。豚肉は湖北の町で、野菜や牛乳、酒などは近隣の開拓村で買えた。山本らが参加した第一回実習では食料は比較的潤沢だったようだ。

しかし、翌年の第二回実習になると、食料事情はひどく悪化した。開拓総局からのコメの供給がとどこおるようになった。開拓村へ買いだしにいっても、ことわられることが多くなった。軍による徴発が頻繁になったためだ。徴発というのは、軍などが民間人の所有物を強制的にとりたてることである。学生たちは仕かたなく、コメよりもダイズが多い「大豆飯」やトウモロコシの粉でしのいだ[12]。大豆飯は消化がわるく、多くのものが腹をこわした。

胃腸の疾患以外にも、学生たちはさまざまな病気にかかった。発熱と下痢をともなう感染症は「虎林熱(こりんねつ)」とよばれていた。生水をのむことによって感染するアメーバ赤痢の一種だという。

湿地帯で草刈りをする際に足などを傷つけると傷口が化膿する。これは「熱帯潰瘍(かいよう)」という。ヨードチンキなどの消毒剤をつけても、なかなかおらなかった。

「再帰熱」というのは、四〇度ほどの高熱が五〜七日つづく。その後一週間ほどは平熱にもどるが、ふたたび高熱をぶりかえす。重症になると意識が混濁する。[13] これはトコジラミ（いわゆる南京虫）によって媒介されるスピロヘータの感染でおこる伝染病である。

「屯墾病（とんこんびょう）」というもののもあった。いわゆるホームシックのことである。ある学生が屯墾病になり、宿舎でふさぎこんでいた。そこへいたずら好きの学生がわざわざたずねていって、渋谷駅のアナウンスや地下鉄がはしる音を声色できかせたところ、その学生は大泣きしてしまったという。ひどいいたずらもあったものだ。いまでいう抑うつ状態か適応障害だろう。

農場の一日は、朝五時のラッパによる起床合図ではじまる。

朝食前に早朝の草刈り作業がある。朝食後の八時半から、宿舎ごとに当番制で、農耕班・伐採班・建築班・畜産班・炊事班にわかれて作業をおこなう。

農耕班の作業は、前述したとおり、まず側溝ほりである。土がかわいてからは、二〇インチの双輪プラウ（鋤（すき））を六頭の馬にひかせて表土をかえす。そこへ横一列になって約三〇センチメートル間隔に棒で穴をほり、トウモロコシやダイズ、コーリャンの種子をまく。

伐採班は裏山で木をきりだし、建築班がそれをつかって宿舎の建設をおこなう。これから入植してくる開拓団のための宿舎だ。畜産班は牛・馬・豚・鶏の飼育を担当。馬は「満馬」とよばれる小柄だがよくはたらく在来馬と日本馬があわせて一五頭いた。鶏はその後、越冬隊がたべてしまったため、翌年の八期生の実習の際にはいなくなっていた。炊事班は毎日の三度の食事をつくるとともに、糧秣（人の食糧と家畜の餌）の確保を担当した。

一二時に昼食。午後は一時から五時まで作業。六時に夕食。八時に点呼をとり九時に消灯する。電気がないのでラジオはない。新聞は湖北まで出かけたついでに入手してくることがあったが、いつも日付のふるいものだった。それも農場本部にとめおかれ、宿舎で寝おきしている一年生の目にふれることはあまりなかった。内地の記事によって屯墾病になったり、戦局悪化の記事によって不安をいだかせたりしないよう、農場職員や上級生が配慮していたらしい。

作業がやすみのときは、各班対抗でサッカーの試合をしたり、相撲をとったり、乗馬の練習をしたりしてすごした。とはいえ、男ばかりの単調な日常である。集団生活ならではの摩擦や軋轢もあった。これは一九四五年の第二回拓殖訓練実習でのできごとだが、数名の二年生が一年生を殴打する事件があった。前年の実習経験がある二年生からみれば、一年生の生活態度はいかにもたるんでいるようにみえた。一丁気あいをいれてやろうと、一列にならばせてなぐったのである(14)。

体罰はもちろんゆるされることではないが、当時は一般社会でも家庭内でも体罰そのものが問題になることはなかった。軍隊や警察のような組織ではとくにこうした暴力が横行しており、「教育」という名目で公然と日常化していた。戦況が悪化し、食糧が不足がちだったこともあり、学生たちの心も殺伐としていたのかもしれない。

しかしそのときは、なぐられたほうもだまってはいなかった。一年生全員が宿舎をぬけだして農場の裏山にたてこもり、大きなたき火をたいて気勢をあげた。これにはなぐった二年生もおどろいた。

三年生に事情を説明して調停をたのみ、三年生が意をつくして一年生の説得にあたったところ、事件は解決した。

またある日、三年生の岸本嘉春(よしはる)(当時二一歳)は、一年生の黒川泰三をよび、「農場新聞」をつくりたいと相談をもちかけた。黒川が真意をはかりかねていると、岸本は「どんな内容でもいいじゃないか。……自由に作ってみてくれ。責任はおれがもつ」といった。開戦当初はやたらといさましかった大本営発表のニュースが、そろそろトーンダウンしてきた時期である。学生のなかでは年長者である岸本には、時局に関して何か思うところがあったのかもしれない。黒川は納得して文化活動好きの学生をあつめ、ザラ紙の両面に鉛筆書きで新聞の作成を開始した。

やがてできあがった「農場新聞」第一号を見て、岸本はふきだした。「あれが食いたい、これが飲みたい」といった「ハングリー記事」、上級生のニックネーム紹介、ちょっとまじめな国家精神発揚論など、若者らしいユーモラスな記事ばかりで、発禁処分の心配にはおよばなかった。ただ、このときに岸本と黒川が農場生活を記録しておこうとはじめたことは、のちに重要な意味をもつことになる。

学生たちのたのしみは、農場の外にもあった。

湖北の駅前には、店舗が二、三軒たちならんでおり、そのうちの一軒は食堂だった。学生たちはときどきここに立ちよって空腹をみたした。よくたべたのは煎餅(チェンビン)というものである。トウモロコシやコーリャンからつくった生地をのばして焼いたもので、日本のせんべいとはちがい、具のないクレープのようなものらしい。これで肉や野菜をいためたものをまいてたべる。

駅から農場までの道の途中に、現地人のいとなむ小さな商店が一軒あった。学生たちはこの店を売(マイ)

買房子（マイハンズ）とよんでいた。雑貨店といった意味であろう。農機具のほか生活雑貨やタバコ、駄菓子などが売られていた。

食堂や雑貨店を経営しているのはいずれも中国人だった。学生たちが満洲にきて、原住民と日常的に接する機会は、このような店で買いものをするときと、近隣の開拓村を訪問する際に出あう雇用人たちにほぼかぎられていた。中国人農家もあるにはあったが、数はすくなかったようだ。

農場には中国人の現地雇用人がいた。張慶峰（ザンチンフォン）のほか、姚（ヤオ）・杜（トゥ）・呉（ウー）という人たちだった。気だてのよい人たちで、学生たちはかれらと日本語と中国語をまじえて会話をたのしんだ。雇用人たちのなかで最年長の張は、世事にたけており、学生たちから「張老人」とよばれ、したわれていた。かれから馬の乗りかたをおしえてもらった学生は、帰国にあたって記念にと自分の学生服をプレゼントしたところ、張は「謝謝（シェシェ）」と感謝を口にしながらも、代金を支はらうといってきかなかった。のちに学生たちは、これらの雇用人たちによって、命をすくわれることになる。

こうした常勤の雇用人のほかに、農繁期には日やといの労働者をやとった。山東（さんとう）省周辺からの出かせぎが多く、かれらは「山東苦力（クーリー）」とよばれていた。身なりはまずしく、自前の弁当はトウモロコシの蒸しパン一個に生のネギ一本というものだった。農場でまかないとしてだされるコーリャン飯や大豆飯をよろこんでたべていた(15)。

湖北の秋はみじかい。一〇月になると朝晩ひえこむようになる。

越冬の準備のため、宿舎に防寒対策をした。草の根がはった土をスコップでブロック状にきりだし、板ばりの宿舎の壁の外側につみあげて、軒下までおおうのである（図１中段を参照）。カナダ北部にすむイヌイットがイグルー(雪の家)をつくるのとおなじ要領だ。イグルーとはちがい、土のブロックでおおわれた宿舎はまるでトーチカのようだった。

畑の表土が凍結するまえに、馬にプラウをひかせて秋耕をおこなった。これをしておくと、翌年の収穫がふえるという。

一一月上旬、実習本隊の一年生が帰国の途についた。雪のなかを湖北駅へむかう隊列のなかには山本の顔もあった。帰国する本隊を見おくりに、越冬隊として農場に残留する数名の学生たちが、汽車にのって東安まで同行した。鉄道ぞいには、警備にあたる関東軍の兵舎が点在していた。その兵舎に、兵士の姿がほとんどみえないことに気づいた学生がいた。じつはこのとき、満洲北部と東部の国境地帯にむかう分岐点となる林口(りんこう)より東側の地域から、すでに関東軍は撤退していたのである。

しかしそれが、自分たちの運命にかかわる重要な意味をもつことに気づいたものはいなかった。歴史上無敗をほこる日本軍が、外敵にせめこまれることなど絶対にありえない。——小学校のころから軍国教育をうけてきた学生たちは、そう信じきっていたのである。

八期生の満洲渡航

一九四五年四月初旬、農業拓殖科の入学試験に合格した新入生(八期生)が常磐松校舎にあつまった。住江科長の挨拶のあと、太田主事から拓殖訓練実習について説明があった。前年とはちがい、入学試験の出願や面接の際には説明も告知もなく、入学早々に満洲で実習があることを、学生たちはこのときはじめて知った。前年度の実習では七期生のうち希望者のみが参加したのに対し、八期生の場合

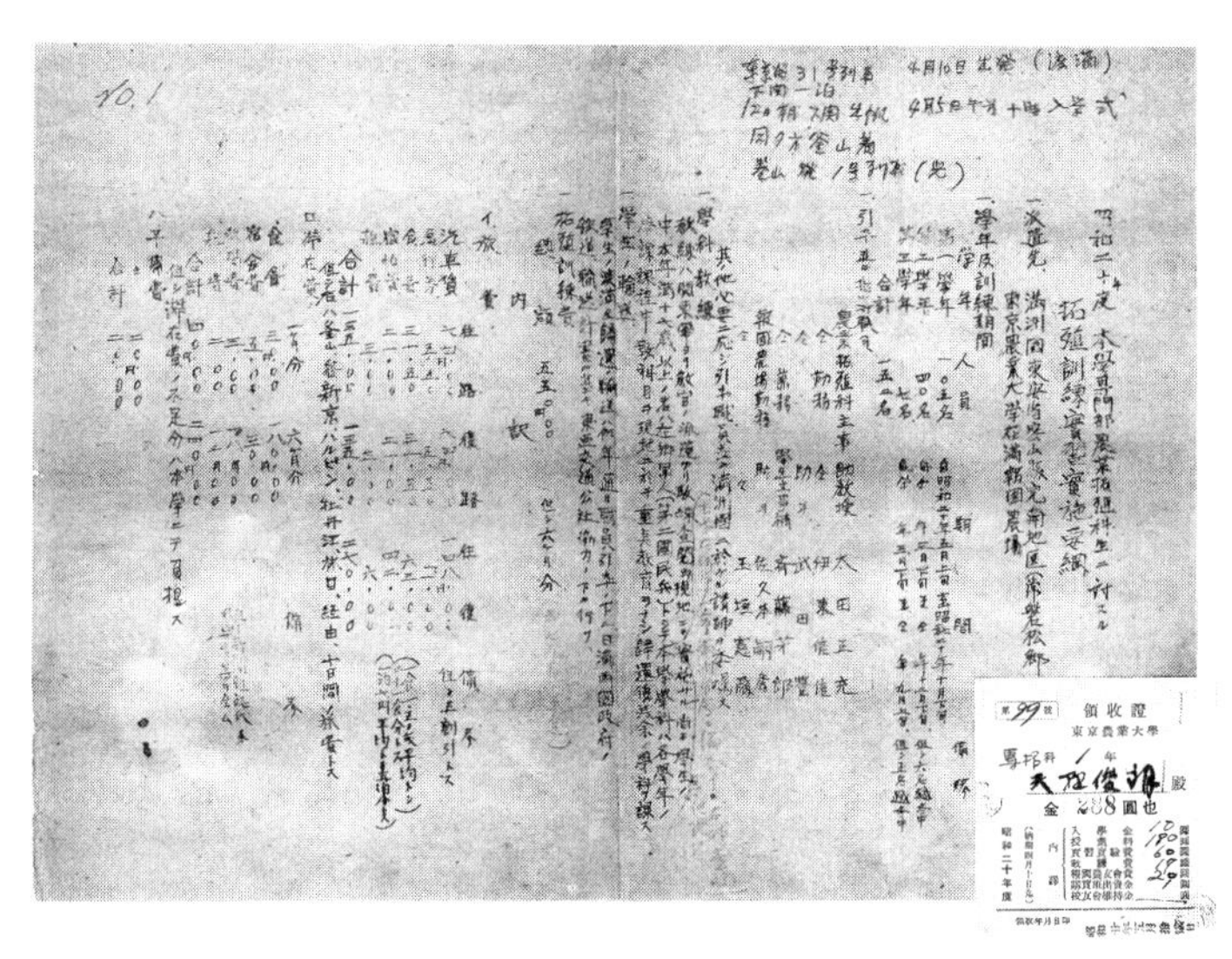
昭和二十年度 本学専門部農業拓殖科生ニ対スル
拓殖訓練實習実施要綱

領收證
東京農業大學
專拓科 1年
天野俊朗 殿
金 288圓也

図3　1945年度の拓殖訓練実習実施要綱．この要綱には，6か月分の「拓殖訓練費」として550円としるされている．右下は農業拓殖科の入学金・授業料など計288円の領収証．そのほかに満洲滞在時の「小遣い」をあずかるとして150円が徴収された(黒川編，1984，22ページ)．天野俊朗氏(東京農大専門部農業拓殖科8期生)所蔵．

は入学者全員が参加することがほぼ前提となっていた。

太田によれば、満洲農場はじ〇〇〇町歩もあり、潤沢な食料、ゆきとどいた設備により生活に不安がないどころか、空襲におびえる内地よりも安全だという。学生たちとその父兄はこの説明を信じて、満洲への渡航費をふくむ入学金・授業料そのほか合計約一〇〇〇円を納付した。この額は現在の価値だと一〇〇万円ぐらいに相当する。このときに新入生に配布された「拓殖訓練実習実施要綱」がのこっている(図3)。

四月一〇日に一年生七一名が一次隊として東京駅を出発した。この一次隊の満洲への渡航については、巻末の黒川泰三氏の手記に活写されているので、そちらをご覧いただきたい。その後、遠隔地で入学式に参加できなかったものや追加合格者など一四名が二次隊として六月上旬に出発した。

一次隊と二次隊の出発のあいだには、東京農大にとって大きなできごとがあった。五月二五日の東京(山の手)大空襲によって常磐松校舎が焼失したのである。そんなこともあり、二次隊の参加者は東京ではなく、大陸への出港地である敦賀に集合して出発することになった。

この二次隊は、学生のほかに常磐松開拓団の先発隊約二〇名をともなっていた。かれらは東京都からの集団移民で、おもに空襲で罹災した人たちである。農大の湖北報国農場内に入植することがきまっていた。常磐松開拓団が成立した事情や背景について、くわしい資料はのこっていない。ただ、太田が当時『毎日新聞』に寄稿した記事のなかには次のような記述がみられる。

大学村は七千町歩、これは旧東京市内より広い大面積です。ここに水田、畠、山林などを組み合わせて食糧自給の基盤を立て、その上で種々の家畜を入れて酪農経営を織り込み、大学の技術と高い文化を植えて開拓農地の理想郷を築くわけですが、学生だけではこの大面積は労力的に無理です。そこで駐満部隊にいて除隊後踏み止まって拓士を希望するもの五十戸と、内地から移住希望のもの五十戸計百戸を入れ、がっちりした村をつくり、ゆくゆくは農業学校も建ててその子弟の教育をたかめる計画で、これが完成してはじめて大学村の全貌が整うのですが、それには村の中枢となる本部が要る。〔略〕内地からの移住者は大学の卒業生関係を主としますが、東京都から是非入植の希望者をいれてくれとの懇望もあるのでこれも快諾しました。かくて大学村の分子は兵農兼備の除隊兵、若く朗らかで科学的な学生、高い文化を身につけた卒業生、それに東京都民いろとりどりで、そろって理想郷へ邁進するわけです。[16]

東京市と東京府が統合されて東京都となったのは、一九四三年七月のことである。東京市は現在の東京二三区に相当し、面積は約六〇〇平方キロメートル（六万ヘクタール。一町歩は約〇・九九ヘクタール）。よって湖北農場が東京市よりひろいというのは太田の誤記であろう。実際には渋谷区と世田谷区をあわせた程度である。

太田のいう「大学村」構想がどのような経緯で立案されたのか、くわしい記録はのこっていない。ただ、東京都からの要望という記述がここにあることからみて、国策の一環だったとかんがえるのが妥当だろう。

そんななか、一連の農大の満洲渡航団としてさらに三次隊が結成された。といっても、農大生は追加募集で入学した一年生二名と前年度に先遣隊として参加した六期生一名のみで、あとは常磐松開拓団の入植者たちである。入植者は八世帯ほどの家族と単身者があわせて三〇名あまりいた。太田はこの隊を引率するとともに、自身の家族をともなっていた。妻と四人の子供である。大学村構想を実現するため、家族とともに満洲に骨をうめる覚悟だったと思われる。

三次隊は六月二六日に東京を出発した。しかしその行程は困難をきわめた。いまからみれば、そもそも一九四五年の六月という時期に、こうした渡航をくわだてたこと自体無謀である。

敦賀からの出港を一行がまつあいだ、空襲にみまわれた。そこで急遽、出港地を舞鶴に変更したのだが、そこでのりこんだ船も港内で機雷にふれて座礁した。こうした混乱のなか、太田は農大の佐藤寛次（かんじ）学長に連絡をとった。渡航の可否について大学トップの指示をあおいだのである。そのときの佐藤学長の返答は、太田の判断にまかせる、というものだった。[17] 最終的に太田は、渡航継続と判断した。

敦賀にもどった三次隊の一行は、八月三日に出港した。現在の北朝鮮の元山（ウォンサン）に上陸し、鉄道で羅南（ラナム）、図們（ともん）をへて、北満への玄関口である牡丹江（ぼたんこう）の駅に到着したのは深夜だった。雨のなか、市内にある開拓会館に宿をとったのは八月九日の午前一時だった。

そのとき、牡丹江市内に空襲警報が発令された。そのころ内地では、アメリカによる空襲がほとんど日常茶飯事となっていた。牡丹江に到着したばかりの一行のなかには、アメリカ軍の空襲がここにもきたのかと思ったものもいたが、もちろんありえないことである。

この空襲はソ連軍によるものだった。日本の命運を決定づける歴史上のできごととなったソ連の対日侵攻が、まさにこのときはじまったのである。

翌朝から太田は湖北農場との連絡に奔走した。ソ連が侵攻してくれば農場の学生たちの身の上に何がおこるか、太田であれば容易に想像できただろう。しかし牡丹江から先は鉄道が完全に途絶していた。

ソ連の参戦

当時、日本とソ連は日ソ中立条約を締結していた。ヨーロッパ戦線が終局をむかえ、国際情勢が急速に変化するなか、一九四五年二月にアメリカとソ連はヤルタ協定を秘密裏にむすんだ。協定では、日露戦争でうしなった領土の回復などをみとめることを条件に、ソ連が対日参戦することがとりきめられていた。四月五日には、ソ連政府が翌年に期限となる中立条約を延長しないと日本政府に通告した。

日本側も政府部内でソ連のうごきを予測し、対抗策が議論されていた。しかし、ソ連軍の攻勢はもっと先だろうという見かたが主流であった(18)。いっぽう、ソ連が当初の計画よりも進攻をはやめることにしたのは、アメリカによる原子爆弾の開発を察知したからだといわれている。第二次大戦後の国際政治で優位にたちたい思惑があったからである。よく知られているとおり、原子爆弾が広島に投下されたのは八月六日だった。長崎には八月九日午前一一時。ソ連が日本に宣戦布告をしてからちょうど一二時間後のことであった。

ソ連が一方的に条約を破棄して侵攻したことについては、批判的な見かたがある。しかし一九四一年の時点で、日本軍が関東軍特種演習とよばれる大規模な軍事演習を北満で実施したことによって、日ソ中立条約は事実上破棄されたものとソ連側は主張している。実際これは単なる軍事演習ではなく、対ソ開戦を見すえた日本の軍備増強政策だった。

ソ連参戦の直接・間接の影響によって死亡した日本人は、兵士と一般人をあわせて四〇万〜五〇万人と見つもられる。これは広島・長崎への原爆投下による死亡者の総計(約二〇万人)よりも多い。

太田たちの一行が牡丹江で足どめをくっていたころ、湖北農場では三年生の岸本嘉春が、中国人雇用者たちからの知らせをきいていた。「老毛子(ラオマオズ)(ロシア人)がたくさん攻めてきた。大砲をどんどんうっている」という。岸本にとっては、にわかには信じがたいことであった。だがそのうちに、近隣の開拓村から、「即刻東安方面へひきあげよ」という伝令がとどいた[19]。

このとき、農場には学生以外に教職員はだれもいなかった。副農場長の佐久本嗣秀(さくもとつぐひで)は出産する妻のつきそいで東安の病院にいた。学生も上級生は病気療養などで不在のものが多く、のこったなかで最上級の岸本がリーダー役をつとめるしかなかった。

岸本は数名の二年生を偵察にだした。馬にのって町の様子を見にいった学生は、警察署や鉄道警備隊がすでにもぬけの殻であることを確認した。周辺の日本人開拓団の入植者たちは、混乱のなか避難準備をすすめていた。

翌朝、岸本は未明のできごとを一年生につたえた。しかし、かれらの反応はにぶかった。ソ連が攻撃してくるなどとは、とても信じられなかったからだ。そうこうしているうちに、飛行機が一機とんできて、農場の上空を旋回した。ソ連軍の偵察機だった。

農場からの脱出

上級生による相談の結果、岸本ひとりがのこって、あとは全員農場から退避することにきまった。岸本がのこったのは、農場を放棄したとみなされたくないという責任者としての思いからだったという。

農場を脱出してゆく学生たちの姿が、岸本の視野からきえたまさにそのとき、手に鎌をもった男たちがあらわれた。日本人の農場とみて略奪にきたのだ。岸本が鍬の柄の棒をふりまわして応戦すると、賊は去っていった。だが張老人からは、「とりにくるものには勝手にとらせないと、命をとられるぞ」とたしなめられた。

満蒙開拓移民政策は、もとより無人地帯に日本人を入植させたのではなかった。湿地だった湖北農場などはむしろ例外的で、多くの場合、もともと現地にすんでいた農民から関東軍の武力にものをいわせて土地をとりあげたのだった。満洲国政府からの配給物資は、満人は日本人よりも量がすくなかった。開拓村で小作人としてやとった現地人や苦力たちと、賃金や収穫物の配分をめぐってトラブルになるケースも多かった。ソ連参戦後に満洲各地でおこった日本人に対する襲撃や虐殺事件の背景には、こうした差別的待遇や感情的対立があったのである。

張老人が馬小屋のなかにかくれ家をつくってくれたので、岸本はその後数日間、暴徒による襲撃や略奪をやりすごすことができた。しかしやがて、張老人に「ここからはなれてほしい」と懇願された。日本人をかくまっていることがわかれば、自分もソ連兵に殺されるというのだ。

普段から信頼のおける張老人のいうことである。日本は軍も警察もこの地域を放棄したのだと岸本は確信した。そこで岸本は、農場の宿舎に一棟一棟火をつけてまわった。もえおちる宿舎を岸本はしばらく呆然と見つめていたが、やがていずこともなく姿をけした。

農大生たちが湖北農場から脱出を開始したのは、八月一〇日の正午であった。[20]

このとき農場にいたのは一年生七八名、二年生四名、三年生一名のあわせて八三名である。このうち、二年生一名と一年生二名が現地雇用人一名をともない、二台の馬車に三日分の食料をつんで先に出発した。二時間後、岸本以外の学生全員が農場を脱出した。常磐松開拓団の人たちもこれにつきしたがった。このほかに、湖北の診療所で療養中だった一年生六名と二年生二名はそのまま脱出した。鉄道は途絶していたため、いずれも徒歩で省都の東安（現・密山市）をめざした。

食料をつんだ先発隊は、東安の手前の楊崗（ヤンガン）で本隊とおちあう予定だった。ところが本隊はなかなかあらわれない。ここで湖北の診療所から脱出してきた学生と合流した。なおも本隊をまったが、混乱する避難民のなかでしびれをきらした学生たちは、先にいくことにきめた。

東安付近までくると、町から逆行してくる避難民とであった。ソ連軍の爆撃のため、市内にははいれないという。

その東安には、副農場長の佐久本と数名の農大生がいた。佐久本は妻・朝子の出産にたちあうため、学生たちは病気治療のため逗留していたところで、ソ連参戦にでくわしたのである。東安駅にあつまった避難民たちのなかで、かれらは病人とそのつきそいということで、避難列車にのせてもらえることになった。

八月一〇日の朝、生後四日目の乳児をかかえた佐久本夫妻と農大生三名は東安駅からでる最後の避難列車にのりこんだ。発車合図の汽笛がなったその瞬間、爆発がおこった。機関車と前方の車両が大破し、多数の死傷者がでた。佐久本たちは、列車の後方に連結されていた無蓋（むがい）貨車（屋根のない貨車）にのっていたため無事だった。[21] この爆発は、駅に備蓄されていた弾薬を日本軍が爆破したものといわれ、のちに東安（密山）駅爆破事件として知られることになった。

逃避行

そのころ本隊は、楊崗まできていた。しかし、そこでおちあうはずの先発隊が見あたらない。あてにしていた食料もなく、途方にくれていると、東安で避難列車にのりそこねて湖北にもどろうとしていた学生と出あった。

東安が炎上していることを知った本隊の学生たちは、西北西の方角にある勃利（ぼつり）へむかうことにした。本来なら鉄道の分岐点である林口か大都市の牡丹江をめざすべきだが、最短ルートをとるとソ連との国境付近をとおらなければならない。勃利には日本軍が多数集結しているという情報もあった。東安から勃利までは約一〇〇キロメートル。徒歩で三、四日はかかる行程である。じつはそのとき、先発隊も勃利にむかっていた。かれらも本隊とおなじ理由でそのルートをとったのだった。皮肉にも、空腹をかかえた本隊のすぐ先を、荷馬車に食糧をつんだ先発隊がすすんでいたのである。

街道ぞいの日本人開拓村は、ほとんどが略奪されたあとだった。本隊の学生たちは、荒らされた空き家にもぐりこみ、たべものをあさったり、仮眠をとったりしながら夜どおしあるきつづけた。ようやく到着した勃利には、たしかに日本軍がいた。しかし市街戦のまっただなかである。先発隊に湖北診療所からの脱出組をくわえた八名の学生は、なぜかここで日本軍の現地部隊に編入されてしまう。混乱のなかで、「若い者は全員集合」ということになったらしい。

農大生にせよ、開拓団員にせよ、ソ連軍の進攻からのがれてきた日本人避難民のほとんどは、日本軍のもとへいけばたすかるとかんがえていた。しかしそれは大きなまちがいだった。そもそも当時の日本軍には、自国民を保護するという発想がなかった。むしろ、東安駅爆破事件でみられたように、作戦上の都合により一般人を殺傷することさえいとわなかったのである。

日本軍部隊について行動した先発隊と湖北脱出組の学生たちにも、過酷な運命がまちうけていた。山中でソ連軍との銃撃戦にまきこまれ、一年生二名が死亡、一年生と二年生各一名が、それぞれ肩とふくらはぎに貫通銃創をうけて重傷をおった(22)。

いっぽう本隊は、勃利から林口をめざした。ただし街道をゆくのは危険だった。日中はソ連機による機銃掃射があり、夜間は原住民が襲撃してくるおそれがあった。そこで学生たちは、山中をあるくことにした。標高一〇〇〇メートルにみたない低山地だが、モミやカラマツなどの巨木が密生していた。携行食料はなく、木の実や草の葉など何でも口にした。

山中ではあちこちで行きだおれた開拓民の死体をみた。首に細ひもがまきつき、喉もとにくいこんだ幼児の死体もあった。絶望的な逃避行のなかで、親がわが子に手をかけたのだろう。このときに農大生たちがみたものは、のちにあきらかとなる歴史的な悲劇の一端であった。

農大生たちはこの時点ではまだ余力があったが、絶望的であることにかわりはなかった。めざしている林口もソ連軍の手におちたという。こうなったら、牡丹江をめざすしかない。林口から牡丹江までは直線距離で一〇〇キロメートル。迂回して山中をいけば道のりはその倍ちかくになるだろう。だがほかに選択の余地はなかった。隊伍がばらけてきて、集団からはぐれる学生もでてきた。

何日たったのだろう。場所は横道河子(おうどうかし)のちかくと思われる山中である。一行が雨やどりをしていた木こり小屋をでたところで、軍服を着た日本軍の少尉と出あった。かれは降伏勧告使で、山中にいる日本兵や避難民にソ連軍に投降するようよびかける役割をになってあるいているのだった。日付をきくと九月七日だという。このとき、学生たちは戦争がおわったことをはじめて知った。敗戦のショックというものはほとんどなく、安堵感のほうがはるかに大きかった。本隊ではこれまでに学生二名が死亡していた。ひとりは戦闘にまきこまれて被弾、もうひとりは衰弱死だった。

先発隊のほうでは、学生たちと同行していた日本軍部隊が武装解除をうけた。しかし、投降するにあたってはすこし躊躇した。日本陸軍の行動規範をしめした「戦陣訓」のなかに、「生きて虜囚(りょしゅう)の辱(はずかしめ)を受けず」という一節があった。これは「捕虜になるより自決せよ」という意味であるとされ、学生たちはこのおしえを軍事教練でたたきこまれていた。しかしさすがにこれを実行するものはいなかった。

満洲でこれを実行したのは、軍人よりもむしろ開拓民たちだった。たとえば、農大生たちの避難経路にほどちかい林口県麻山で、全国混成の移民団だった哈達河(ハタホ)開拓団が戦闘にまきこまれた。日本軍が敗退したあとで、さらにソ連軍が接近してくるときき、四六五人が集団自決した（麻山事件[23]）。投降した開拓民たちも、収容所に夜な夜なソ連兵が乱入し、女性たちが暴行をうけたことから、集団自決にいたった事例もある。一般人の集団自決といえば、沖縄戦におけるものがよく知られているが、犠牲者の数からいえば満洲のほうが圧倒的に多かった。

そのころ、ソ連軍の末端の兵士たちの規律は劣悪だった。投降した避難民たちはまず身体検査をうけるが、その際ソ連兵に腕時計や万年筆など金目のものをまきあげられるのが常だった。しかし農大生たちは高価なものなどは何ももっていなかったので、ズボンのベルトをとられるぐらいですんだ。

投降した農大生たちは、海林(ハイリン)などいくつかの収容所をたらいまわしにされたあと、多くは牡丹江にあった収容所に収容された。先発隊と本隊、湖北や東安から脱出したものも相前後してここにたどりつき、ほぼ一か月ぶりに再会することができた。

収容所を管理しているのはソ連軍である。担当の将校は末端の兵士とちがって規律をわきまえており、それほどひどいあつかいはうけなかった。とはいえ、収容所のくらしは快適なものではない。食事にはコーリャンからつくったかたいパンと、一日に茶さじ一杯の砂糖が支給された。比較的健康なものは労働にかりだされた。

そのころ、海林収容所にいた一年生の大谷春男は、所内で偶然、常磐松開拓団にいた顔見知りの少年と出あった。少年は七歳で大仁郎(だいじろう)といった。母親と姉弟がいたが、山中を逃走中にみんな死んだという。大谷は不憫(ふびん)に思い、かれの面倒をみることにした。ところがしばらくたったある日、大谷が外出からかえると、大仁郎がいなくなっていた。見知らぬ中国人夫婦がつれていったという。大谷は憮然としたが、まわりの人びとは、「このままではあの子は死ぬばかりだ、かえってよかったじゃないか」となぐさめた。

日本人孤児を中国人が養子にひきとるという事例は数多くあった。後年大きな社会問題となる中国残留孤児である。一九八三年のこと、厚生省(現・厚生労働省)による集団訪日調査のリストのなかに「輿石(こしいし)大仁郎　四六歳　牡丹江」という名前があった。テレビのニュースで偶然これをみた生還学生のひとりがすぐ大谷に電話をした。大谷は厚生省に連絡をとり、出身地と年齢を手がかりに、海林収容所で生きわかれたあの「大仁郎」であることを確信した。そして、大谷と大仁郎は三八年ぶりに感激の再会をはたすのである。なお、帰国した輿石大仁郎氏は現在、戦争の被害を語りつぐ活動への協

力をおこなっている。(24)

しのびよる冬と死の影

話を牡丹江にもどす。一九四五年九月の下旬になって、ソ連軍当局は収容者の解放をはじめた。収容者が膨大な数にふくれあがり、管理の費用と労力が手にあまるようになったのである。収容者たちは所内では出身県別に管理されていたが、農大生は二年生を中心に連絡をとりあい、一緒に収容所をでることを仲間たちによびかけた。

九月三〇日、農大生の最初の一行が解放された。その後ひと月ほどのあいだに、七〇名ほどの学生が牡丹江収容所をでたと推定される。解放されたといっても、けっして楽になったわけではない。要するに自力で生きのびよということだ。季節はすでに一〇月、満洲のきびしい冬がちかづいていた。

収容所を解放された農大生たちは、個別あるいは数名のグループにわかれて行動した。引きあげの混乱のなかで団体行動をつづけるには限界があった。それぞれ目ざすのは南である。南には日本への船がでる葫蘆島(ころ)という港がある。しかし、鉄道は寸断されており、そこまで直行することは不可能だった。たとえ港に到達しても、膨大な数の避難民が殺到するなかで、すぐに船にのれるという保証はなかった。農大生はハルビン・新京・奉天(ほうてん)(現在の瀋陽(しんよう))・撫順(ぶじゅん)といった鉄道沿線の都市で、ほかの避難民や居留民たちとともに帰国のチャンスをうかがっていた。

ハルビンなどの大都市には、日本人居留民も多く、そのなかの一部の日本人たちによって難民救済活動がおこなわれていた。市内の学校や寺院、社宅や劇場などが避難民の収容施設となった。しかし

表3　東京農大学生・教職員殉難者の月別死亡数および死因(1945年8月〜1946年10月)

	栄養失調	発疹チフス	赤痢	戦死	そのほか*	月別計
1945年　8月		1		2	2	5
9月	4					4
10月	8					8
11月	9	4	1			14
12月	8		3		1	12
1946年　1月	3	1	2			6
2月	2	1	1			4
3月						
4月						
5月			1			1
6月						
7月						
8月					1	1
9月						
10月					1	1
総計	34	7	8	2	5	56

＊心臓麻痺・結核・行方不明(死亡推定).
出典：黒川編(1984)237-239ページをもとに作成.

施設にはいれても、食料は自分で確保しなければならない。学生たちのうち健康なものは、もの売りなどをして日銭をかせいだ。

しかし多くの学生には、それができなかった。ひと月以上にわたる逃避行で衰弱していたこともある。だが、それ以前に湖北農場での劣悪な食料事情による慢性的な栄養不足が大きな要因だった。一一月になると、病気で入院していた学生のなかで死亡する者がふえていった。

死因はおもに栄養失調による衰弱死と発疹チフスだった。発疹チフスはシラミによって媒介される感染症である。発熱とともに皮膚に赤い発疹が生じ、やがて意識が混濁して死にいたる。治療には抗生物質が有効だが収容所での入手は困難である。

収容所や施設は都市にあるとはいえ、極寒となる満洲の冬を生きのびるには、農大生たちはあまりにも無防備であった。学生たちの多くが一九四五年の一一月をピークとして死亡している(**表3**)。のちの集計によれば、この時期に病死あるいは衰弱死した学生は、牡丹江で一〇名、ハルビンで一七名、新京で一三名、奉天で二名、撫順で五名だった（各都市の周辺もふくむ）。湖北農場を脱出した学生と牡丹江にたどりついた三次隊の学生・教職員をあわせたほぼ一〇〇名のうち、半数以上がこの時期までに死亡した(25)。

おなじ収容所にいて、学友が衰弱して死んでゆくのを間近でみとった学生もすくなくなかった。健康なものであっても、死がごく身近なところにあることを意識せずにはいられなかっただろう。

三次隊の運命と太田の死

さて、ソ連参戦とほぼ同時に牡丹江に到着した三次隊はどうしていたのか。

太田は湖北農場にとりのこされた学生たちと連絡をとる方法をさがしていたが、どうにもならなかった。それなら牡丹江にいても仕かたがない。南方へ約三〇キロの寧安（ねいあん）という町に満蒙開拓青少年義勇軍の訓練所があり、そこに避難することにした。太田の更級農業拓殖学校在職時からのつてがあったのかもしれない。だが訓練所におちついたのもつかの間、寧安にもソ連軍がちかづいてきた。そこでさらに南へと避難することになった。

三次隊の農大関係者には、日本からの渡航学生三名と太田とその家族あわせて六名、その後牡丹江で合流した実習学生一名のほか、一次隊で実習に参加した八期生・橋元宗昭の父・宗曽（むねかつ）と母、二人の姉妹がいた。宗曽は副農場長である佐久本の妻・朝子の実父でもある。おそらく娘の出産に立ちあうため、家族で満洲に渡航したものと思われる。あとは約三〇名の常磐松開拓団の入植者たちだった。かれらは訓練所にいた青少年義勇軍約八〇〇名に合流する形となった。

八月一六日、太田と学生たちをふくむ義勇軍の集団は、たまたまとおりかかった日本軍将校から「停戦」ときいて、寧安へひきかえすことにした。それでもまだこの時点では、だれもが降伏による「敗戦」であることを認識していなかった。そうこうするうちに、後方からきたソ連軍部隊とのあいだで戦闘が発生した。武器をもった義勇軍の少年たちが発砲したのである。義勇軍はソ連軍にたちまち制圧された。太田と農大生、開拓団員もろとも全員が身柄を拘束され、収容所がある東京城（とんきんじょう）へ移送された。移送といっても車両があるわけではない。約一週間かけてあるくのである。ここでもソ連兵による略奪と暴行があった。前出の橋元宗曽が、このときの様子を以下のように書きとめている。

（八月）二十一日、二十二日同様同地宿泊。その間ソ連軍の夜間の暴行に戦々兢々とし、女子は頭髪を刈りて男装し逃げまわり、男子も一歩指定区域を離れる事の危険を思い、誠に牢屋にあるの感である。しかも雨に晒され日に焼かれて、大陸の常とする夜間の急変の寒さに震えつつ、不安の草枕である。身一つなれば死を求むるにと悩み誠に深し。太田氏をもって訓練所の医務局に相談し、毒薬を貰うべく決したが、途中紛失したとの事で、これまた意に任（まか）せず[26]。

太田の長女・淑子はこのとき一四歳だったが、ここにあるとおり、ソ連兵の目をのがれるため、断髪し男装していた。妻と娘の身を案じる太田の様子を淑子はのちに書きしるしている。もしも「毒薬」が紛失しておらず、その場にあったとしたら、かれらも集団自決の犠牲者になっていたかもしれない。

やっとの思いで東京城に到着したところで、太田は末子で四歳の正隆をうしなう。死因は細菌性赤痢。当時は「疫痢」とよばれ、乳幼児がよくかかる病気だった。さらに収容先を転々とするうち、今度は妻のみつが発疹チフスを発症した。こちらは何とか一命をとりとめたが、健康を回復して維持するためには食糧の安定確保が何よりもまず必要だ。

そんなとき、ソ連人の将校が兵士数名をつれて収容所にやってきた。食糧を調達・配給するので、体力のある壮年男子は同行してほしいという。話にやや疑念をもったものの、ソ連側から指名されれば拒否することはできなかった。このとき農大二年生の水野尚英と一年生の半田敦・最上昭三、常磐松開拓団員の高山良吉が同行をもとめられた。

かれらが連れていかれたのはソ連領のシベリアだった。いわゆるシベリア抑留とは、おもに日本軍の将兵がソ連の捕虜となってシベリアなどに抑留され、強制労働に供せられたものである。だが、このように難民となった開拓団員など一般人が連行されたケースもかなりあったらしい。

「抑留」という言葉には、不当に拘束するというニュアンスがある。ソ連をひきついだロシア政府の見解では、日本軍将兵は戦闘継続中に合法的に拘束した捕虜であり、抑留者には該当しないとしている。その意味では、このような開拓団員や学生こそが正真正銘のシベリア抑留者といえるかもしれない。実際、東京城の収容所から連れさられ、シベリア東部のコムソモリスクに農大生の水野とともに抑留された常磐松開拓団員の高山は、編入部隊の日本人上官に対し、「われわれ地方人や学生までも使役に使うのは違法だ。すぐ解放するよう交渉せよ」とうったえたという。

水野はシベリア抑留時のことについてあまり多くを書きのこしていない。戦後になってかれが断片的に語ったのは、高山がコムソモリスクで病をえて死亡したこと、おなじく東京城でソ連兵に拉致された一年生の半田と最上がしばらく水野と一緒だったことなどである。半田と最上はその後はなればなれになり、いまも消息不明である。水野は一九四八年八月に帰国した。

東京城にのこった太田たちは、あいかわらず食糧調達に奔走していた。

三次隊をひきいて渡航する際に持参した金は、とうにソ連兵に略奪されてしまっていた。そこで太田は豆板(まめいた)と稲荷ずしを売ってあるいた。豆板とはダイズから油をとったしぼりかすをかためて板状に成形したものである。妻のみつや開拓団の女性がつくったものを太田が売り、その金で翌日分の材料を仕いれてきた。

そんな太田も、厳冬のなかでの労働がたたったのか、発疹チフスでたおれてしまう。そして収容所としてあてがわれていた東京城市内の陸軍宿舎で床にふしたあと、二度とおきあがることができなかった。一九四六年二月一二日、妻と三人の子にみとられながら、しずかに四四年の生涯をとじた。

収容所での最後の日々に、太田が口にしたのは、「学生たちがこういうことになって、自分は責任者として生きてかえれない」という言葉だった[27]。

その時点で太田は、湖北農場から脱出した農大生たちとはだれともおちあっていない。情報がとざされた収容所生活にあっては、農場にいた約一〇〇名の農大生たちの身にふりかかったできごとについて、具体的には何も知る手だてがなかった。にもかかわらず、太田にはおおよそのことがわかっていたのではないだろうか。ブラジルに滞在し、満蒙開拓青少年義勇軍ともつながりがふかかったかれには、世界的な視野から満洲の情勢を認識することができたはずである。死の床にありながらも、満洲全土で何がおこっているのか、学生たちにどんな災難がふりかかっているのか、太田には現実のこととして想像できたにちがいない。

生還学生と東京農大の戦後

一九四六年の六月から九月にかけて、満洲の冬を生きのびた農大生たちは、引きあげ船にのって三々五々帰国した。かれらの渡航時には、農場実習のために大学の教職員に引率されていったが、かえりにはもちろん引率者などいなかった。膨大な数の引きあげ者たちの波にまぎれての帰国である。そのなかのひとり、六期生の廣實平八郎（ひろざねへいはちろう）（当時二〇歳）がいた。帰国後早々、大学へ報告にいくと、引きあげ学生担当の教員はこういった。

「きみは責任者になっているのだ。きみがかえってきたら、みなわかることになっている。だからかえってきてもらってはこまるのだ[28]」

廣實の実家は旧満洲の安東（現・丹東）にあった。逃避行の混乱のさなか、ハルビンでわかれて南下する農大生の集団に新京で偶然出あった。かれらをのこしてひとりで実家ににげのびたことを、廣實は後悔していたのだった。しかし実家とはいっても、両親ともすでになく、年老いた祖母がひとりいるだけである。数十名もの学生をつれていくことなど不可能だった。

担当教員からうけた言葉に廣實は茫然自失した。部屋をでると、たまたまであった旧知の学生にあふれる思いをぶちまけ、「おれはおめおめとかえってきた。どつくなり、ころすなり、どうにでもしてくれ！」とどなった。するとその知人は不思議そうに、「学生がどうして責任者なのだ？」とききかえした。

廣實が帰国する数か月前の一九四六年三月に、東京農大は専門部農業拓殖科の教職員をすべて解職するとともに、名称を開拓科に変更した。連合国軍最高司令官総司令部(GHQ)による戦争責任の追及をのがれるためである。農業拓殖科は大戦中、侵略による大陸での農業開発という国策に加担したとみなされていた。

戦時中に主要な役割をになった教員の公職追放は必至だった。しかし、徴兵などで人材が払底し、大学の存亡にかかわる事態を前にして、農大はあらゆる方策を駆使して組織の防衛をはかった。まず、一九四五年三月三一日に遡及して住江金之教授を農業拓殖科長から解任した。そして一九四六年三月の時点で、大学側の認識ではまだ行方不明だった太田正充助教授を、同科長に任命したのだった。その後、太田の死亡があきらかとなり、結果的に農大教員から公職追放者はでなかった。公刊されている東京農大の史料には、表面上このとおりのことが書かれている。(29)だがどう見ても不自然な人事である。

一九四五年三月といえば、太田は実習学生と常磐松開拓団をおくりだすため、東京にいたはずである。しかし、太田本人や学生たちによる記録には、太田の科長就任に関する記述はない。同年四月に新入生に配布された前掲の実習実施要綱にも、太田の肩書は「農業拓殖科主事・助教授」と明記されている。家族とともに満洲に骨をうずめる覚悟で出発準備をしていた太田に、学科の運営をになう役職を大学がまかせるとはかんがえにくい。

すすんで国策にのり、満洲に農場をたちあげ、本来のカリキュラムを変更してまで満洲での農場実習を推進し、危険地帯に学生たちをおくりだした太田には、職に殉じたとはいえ、一義的にこの事件についての責任があるだろう。しかし、おなじく責任をとるべき立場にあった住江科長や佐藤学長が、このような手段で一個人に責任をおしつけ、戦後も安穏と社会的地位を保持したことにはいきどおりを感じずにはいられない。

農業拓殖科から名称変更した開拓科では、遭難学生についての情報収集にとりくんでいた。とはいえ、旧科の教員は全員解職されたので、他学科の教員が兼務してのことである。多少なりとも現地事情を知る学生数名がこれをサポートした。三年生になった山本正也もそのひとりだった。

渡航学生の消息確認は困難をきわめた。学生がいつ引きあげてくるかはわからないし、実家にもどったまま連絡がないものもいる。たとえだれかが報告にきても、ほとんどは個人か少人数のグループで行動していたので、ほかの学生のことは把握していなかった。それでも一九四六年の夏のおわりごろには、殉難事件の全貌が徐々にあきらかになってきた。

一九四五年度の拓殖訓練実習で満洲に渡航した一年生（八期生）八七名のうち、ソ連軍侵攻とその後の混乱のなかで、じつに五三名が死亡または行方不明となった。このほかに、実習の運営にかかわった上級生三名（六期生二名、七期生一名）と教職員二名が犠牲になった。実習参加学生の死亡率は六一パーセントになる。アジア太平洋戦争では、学徒兵もふくめて戦闘や戦災によって数多くの大学関係者が犠牲となったことはよく知られている。しかし、大学の正課である実習中にこれほど多くの犠牲者をだした例は稀有である。沖縄戦での殉難で知られる「ひめゆり学徒隊」の犠牲者は、二四〇名中一三六名(死亡率五七パーセント)とされており、それに匹敵する悲惨な事例である。

帰国後に心身の異常や不調をきたしたものも多かった。原因不明の発熱や毛髪がごっそりぬけるといった症状だ。数年後に自殺したものもいる。詳細は不明だが、戦地や災害現場からの生還者などが発症する心的外傷後ストレス障害(PTSD)が想起される。

こうした殉難者や生還者に対する補償については、資料が散逸しているせいもあるが、腑におちない点が多い。国家事業であった在満報国農場の隊員には全員、戦争死亡傷害保険法にもとづいて保険がかけられており、農大が管理する報国農場の隊員としてあつかわれていた農大生の遺族に対して、大学を通じて農林省(現・農林水産省)から二六〇〇円が支給されることになっていた[30]。しかし、実際に農大が遺族に保険金を支はらった形跡は確認されていない。後述する一九四八年三月の殉難者慰霊祭の際に、農大側から遺族に弔慰金として一〇〇円が手わたされたが、これはあくまでも農大からの弔慰金であり、前記の保険金とは当然別のものとかんがえるべきだろう。

農業拓殖科から名称を変更した開拓科は、翌一九四七年度も新入生を募集したが、志願者は皆無だった。そのため、同科は一九四七年三月をもって廃止となった。引きあげてきた八期生の学生たちは、修学年数がまだ一年のこっていたため、専門部の他学科へ転科を余儀なくされた。転科先にかかわりなく、満洲農場から生還した八期生には、のこり一年の在学期間の学費が免除された。ただ、多くの学生は農学科に転科したが、あまり充実した学生生活ではなかったようだ。このとき同科に転科した村尾孝(たかし)は、一年間そこでまなんだ内容をほとんどおぼえていないという。

慰霊と贖罪

元農業拓殖科の八期生が卒業をむかえた一九四八年三月二〇日、満洲農場殉難者の合同慰霊祭がおこなわれた。開催は生還した学生と殉難学生の遺族からのつよい要望によるものだった。会場は終戦後に移転した農大世田谷キャンパスにちかい豪徳寺。簡素な葬儀がしめやかにとりおこなわれたが、大学側から出席したのは事務方のみだった。

合同慰霊祭はその後、一九五七年と一九七七年にも開催された。殉難者の三十三回忌にあたる七七年の慰霊祭では、東京農大世田谷キャンパス内に建立された慰霊碑の除幕式がおこなわれた。大竜青御影石の碑の正面には「寂」の一文字がきざまれ、玄室には殉難者の氏名が安置された。

一九四八年の第一回慰霊祭にあわせて、生還した学生たちによる手記が刊行された[31]。第八期の学生たちが卒業を記念して自主的に制作したものである。先頭にたって制作を指揮したのは黒川泰二(当時は池田姓)だった。謄写版印刷だが丁寧なつくりになっており、殉難事件に関するまとまった資料としては最初のものとなった。

東京農大の父兄会(現・教育後援会)が発行する『農大学報』という機関誌がある。一九七七年から八〇年ごろにかけて、この雑誌に生還学生たちが湖北農場と学生殉難事件に関する記事をぞくぞくと寄稿した[32]。そんな寄稿者のひとりが六期生の岸本嘉春だった。

岸本は実習学生たちが脱出したあとの湖北農場にひとりでのこり、行方不明となっていたが、その後数年をへてようやく帰国したのだった。農場脱出後の行動についてはあまり多くを語らなかったが、気宇壮大なところがあったらしく、農大入学前に一年ほど蒙古を放浪していたという。まさに「大陸浪人」だった。

その岸本が、手記のなかで湖北農場での入植祭について叙述したあと、こう書いている。

しかし、今から考えての事ではありますが、入植祭のこの日に、湖北農場のこの土地は中国の土地であり、そこへ割り込んできたわれわれは、この土地で生れ育った中国の人たちから見た場合どんな存在であるのかという本質的な事について考えた者も、また湖北農場の悲惨きわまりない終末を予想した者も、一人もいませんでした。殉難した多くの学友の鎮魂のためにも、また同じ事をくり返さないためにも、農大湖北農場のあったあの土地は、外国の土地であったという事を重ねて銘記したいと思います。なぜならこの事は、当時の国策の根元にさかのぼることであり、その国策による戦争に勝っても負けても、われわれ庶民は悲惨な、みじめな目にあいながら死んでいかなければならないからであります。(33)

みずからが不条理な運命に翻弄されながら、侵略という国家的犯罪に、ひとりの農学徒として末端で加担したことに対する反省と贖罪の言葉として、おもく受けとめるべきではないだろうか。

岸本はまた、おなじ寄稿のなかで、同年代の若者が兵士として戦死した場合はそれなりの記録がのこるのに対し、おなじ戦場で死んでいった学友たちは殉難者あるいは罹災者とされ何も記録がのこらないとのべ、ひとりでも多くの関係者が湖北農場に関する記録を書きのこすようもとめている。

このよびかけに応じて、その後もいくつかの手記や記録が刊行された。一九八四年には、それまで

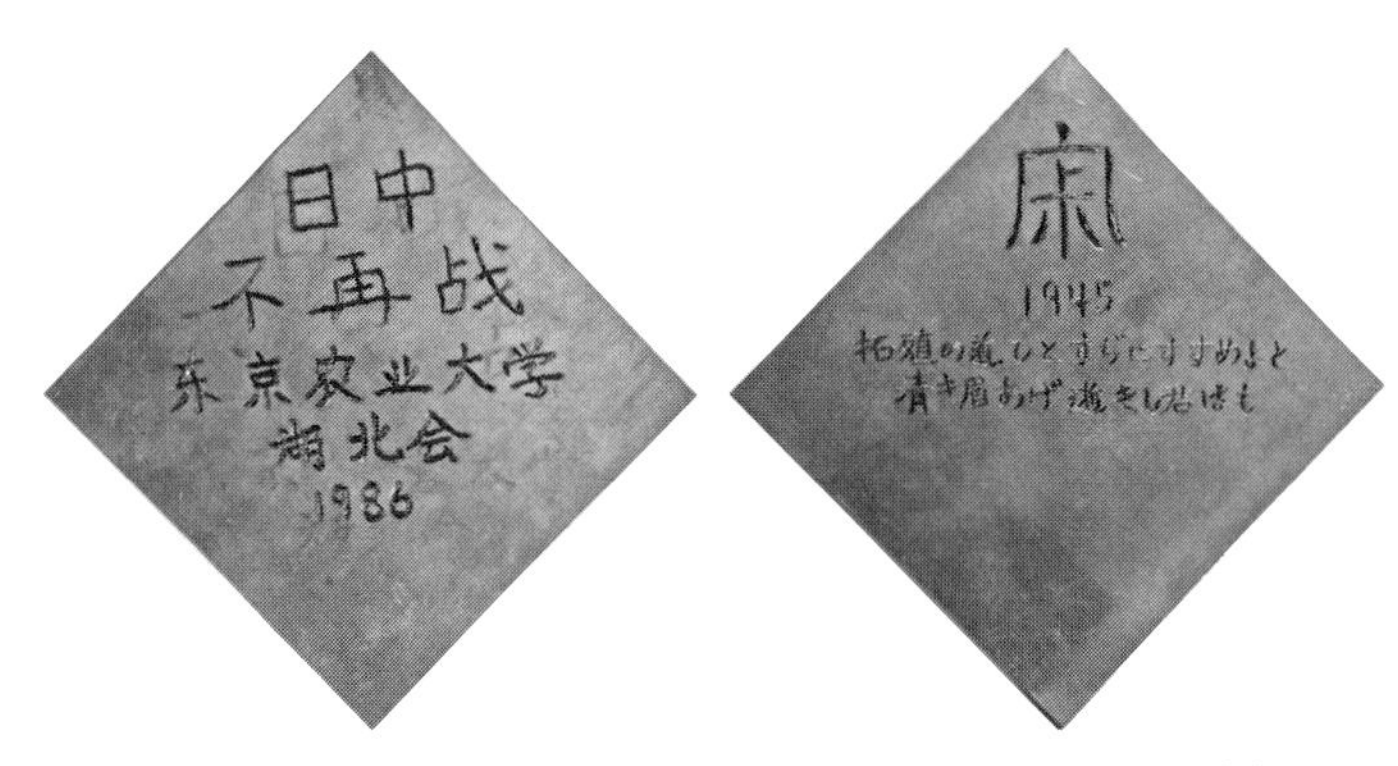

写真3　湖北農場の跡地にのこしてきた銅板．13 cm 四方の菱形の厚手の銅板の一面に簡体字で「日中不再戦／東京農業大学湖北会／1986」とほられている．もう一面には篆書体の「寂」の字の下に「1945／拓殖の道ひとすぢにすすめよと清き眉あげ逝きし君はも」とある．写真は廣實励子氏(東京農大専門部農業拓殖科6期生・廣實平八郎氏夫人)所蔵．

に発表された記録の集大成ともいうべき『凍土の果てに——東京農業大学満州農場殉難者の記録』が黒川の手によって編纂された。

一九八六年七月、廣實平八郎と岸本嘉春は殉難した学友や恩師を慰霊するため、中国東北部への旅にでかけた。湖北農場を脱出してから四一年後の再訪である。すでにふたりとも六〇歳をすぎていた。日本と中国は一九七二年に国交をむすんでおり、あのときのような危険な旅ではなく、思い出ばなしに花をさかせながらの道ゆきとなった。かつて湖北農場があった場所は開発がすすみ、ダムができて湿地が干拓されるなど、当時とは風景が一変していた。

農場の跡地は、黒竜江省八五〇農場四隊が管理する国営農場となっていた。農場事務所にいた隊長は、突然あらわれたふたりの日本人にははじめは警戒感をしめした。しかし、かつてこの地にいた五〇名以上のわかい農学生たちが殉難し、その多くが餓死であったことを説明すると、隊長の態度は一変した。そして岸本たちが慰霊のために用意していった小さな銅板を農場内にたてることを許可してくれた。その一三センチ四方の厚手の銅板には、岸本によって「日中不再戦」とほられていた[34](**写真3**)。

新学科の設立

専門部農業拓殖科(開拓科)が廃止されてから九年後の一九五六年、新制の東京農業大学農学部に農業拓殖学科が設置された。名称は旧制の農業拓殖科とほとんどおなじだが、旧科の教職員が復帰することはなかった。したがって、旧制と新制とのあいだには歴史的な断絶があるといえる。

新制の農業拓殖学科がまず力をいれたのは、「海外移住」だった。敗戦国の国民である日本人は、当時はまだ海外渡航が制限されていた。そんななかで、ブラジル・アルゼンチン・パラグアイ・ボリビアといったラテンアメリカの国ぐにには日本人に門戸を開放していた。そのためこの時期、多くの人びとが「移民」としてこれらの国ぐにに移住していた。農場の経営は、移住先でのおもな職業のひとつである。学科ではラテンアメリカをはじめ、カナダやアメリカなどで日系人が経営するこうした農場にうけいれを依頼し、学生を実習生としておくりこんだ。それらの学生のなかには、卒業後実際に移住するものも多かった[35]。

移民ブームが一段落したころ、今度は「国際協力」という言葉が巷間に浸透するようになった。一九六一年にアメリカで平和部隊(Peace Corps)が創設され、これを参考に日本でも政府開発援助(ODA)の一環として青年海外協力隊が発足した。これは、二〇~三九歳のさまざまな職種の日本人を、おもに技術指導や村落開発のために開発途上国へ派遣する事業である。官営のボランティア事業であるこの協力隊には、農業拓殖学科の卒業生が数多く参加し、学科や大学もこれを積極的にあとおしした。協力隊の活動をおえて帰国したもののなかには、大学院に進学して研究者になり、教員として母校の学科に赴任するものもいた。

　戦後に発足した新制の農業拓殖学科は、こうして順調に多くの卒業生を社会におくりだした。一九九一年には、学科の名称を国際農業開発学科に変更した。「国際協力に貢献できる人材の育成」を教育目標にかかげ、国際協力や途上国での活動に興味をもつ受験生のうけ皿として、東京農大の国際農業開発学科は独自の地歩をかためていった。

　卒業生の数もふえた。その同窓会組織は旧制の農業拓殖科をふくむものとなり、「拓友会」と名のった。その拓友会には機関誌がある。二〇〇二年になって、その機関誌で旧農業拓殖科卒業生のインタビュー記事をのせるという企画がもちあがった。卒業生からの聞き書きを担当したのは、母校である学科に教員として赴任したばかりの小塩海平（こしおかいへい）だった。何度目かの連載で旧農業拓殖科六期生の廣實平八郎から在学中の話をきくことになった。

　廣實からきいた湖北農場殉難事件の話は、わかい小塩にとって衝撃的だった。何よりもショックだったのは、廣實が九死に一生をえて満洲から生還し、ようやく帰学した際に担当教員からいわれた、「おまえにはかえってきてもらいたくなかった」というあの言葉だった。そこで小塩は、翌年以降もほかの生還学生から聞き書きをつづけ、その記事は拓友会機関誌に連載された[36]。

　敬虔なクリスチャンである小塩は、生還学生たちとの出あいによって自分がかえられてゆくのを感じた。やがてかれは、現役の学生たちにも同様の出あいを経験してもらいたいとかんがえ、生還学生たちとの交流の機会を模索するようになる。

しかし、学科の同僚教員たちの反応はにぶかった。ある年、生還学生たちを大学に招待して宴席をもうけたところ、学科の教員たちは用事やら何やらで、結局学科から出席したのは小塩だけということがあった。同僚教員たちからすれば、自分たちのしらない時代のできごとであり、生還学生たちに密着取材した小塩ほどには、共感をおぼえることはなかったのだろう。

そんなころ、ひとりの新任教員が学科に赴任してきた。その教員はアフリカからかえったばかりで、東京農大の出身ではなかったが、なぜか農業拓殖科学生の満洲農場殉難事件に興味をもった。そして、現役の学生たちに生還学生の話を直接きかせるというとりくみを小塩と一緒にはじめることになった。

——その教員がわたしだった。

「農学と戦争」の歴史をどうつたえるのか

わたしは大学卒業後、青年海外協力隊員としてガーナで活動していた。帰国後、大学院をでてから在外研究の機会をえて、ケニアとナイジェリアに三年ずつ滞在し、作物害虫の研究に従事した。

協力隊活動も在外研究も、「国際協力」を名目としたプログラムや助成金によるものである。国際協力に貢献できる人材をそだてることを教育目標にかかげる国際農業開発学科に就職できたのも、こうした経歴によるところが大きかったと思う。しかし、先進国の人間が途上国へでかけていって何らかの手だすけをするという、日本では一般的な「国際協力」に対するイメージには違和感があった。

わたしはアフリカ滞在中に、協力隊員としても研究者としても、現地の人びとをたすけるようなことはほとんどできなかった。むしろわたし自身や家族が（在外研究では妻と乳児だった娘をともなっていった）、日常生活のなかでアフリカの人たちにたすけてもらうことのほうが多かったように思う。

アフリカの国家の多くは、国内にさまざまな民族集団をかかえている。人口が多い集団もあれば、すくない集団もあり、後者はマイノリティー（少数派）とよばれる。こうしたマイノリティーをめぐっては今日、さまざまな摩擦や軋轢があるいっぽうで、マジョリティー（多数派）とマイノリティーが平和的に共存しているケースもすくなくない。

日本人であるわたしたち家族も、現地ではマイノリティーだった。環境や習慣のちがいにとまどいながらも、親切なアフリカの隣人たちのおかげで、何とかくらしていくことができたのである。

二〇〇四年九月、赴任した年のはじめての農場実習の夜の講義で、自己紹介をかねて学生たちに話をした。――「きみたちがもしも途上国へいくことがあったら、マイノリティーとして現地の人たちにたすけてもらってきてください」。てっきり「国際協力のすすめ」がきけるものと思っていたであろう学生たちは、「この先生はいったい何をいっているのだろう？」という表情だった。

国際農業開発学科の一年生は、九月に必修のカリキュラムとして、神奈川県厚木市にある付属農場（二〇一三年に伊勢原市に移転）にとまりこみ、農場実習をうけることになっている。学科のある世田谷キャンパスからはなれているため、学生たちの引率は若手の教員がおこなうのが通例であった。実習中は夜に座学の講義があり、その内容は引率教員にまかされている。小塩さんとわたしはその講義を担当することになった。

まずは、大学に入学して間もない学生たちに、ディベートというものを経験してもらいたいと思い、時事的な話題をとりあげて討論することにした。二〇一一年には東日本大震災があり、「みんなで語ろう！　震災・原発・ボランティア」というタイトルにした。翌年は、やはり震災との関連で、科学における言語の欺瞞について討論した。さらに翌年までの三年間を準備期間ととらえ、二〇一四年にはかねてからの計画を実行にうつした。旧農業拓殖科八期生で生還学生の小川正勝（まさかつ）さん（当時八六歳）と村尾孝さん（同八五歳）に、実習の夜の講義で体験談を語っていただくというものである。

学生たちは、おなじ学科の先輩であるふたりの話に真剣に耳をかたむけていた。七〇年前、まさにいまの自分たちのように、大学入学後はじめて参加した農場実習で遭遇したできごとである。昼間の農作業のつかれにもかかわらず、居ねむりをする学生はいなかった。わたしが普段担当している授業もこのくらいの熱心さできいてくれたらいいのに、と嫉妬をおぼえたほどである。

質疑応答も活発だった。「国際協力の意義とは何でしょうか」と質問する学生に対し、「平和のためにたすけあうことです」とこたえられたのが印象的だった。

講義がおわったあと、小川さんと村尾さんは、真剣に話をきいてくれる後輩たちによって、生きのこらされた自分たちの使命の一端をはたすことができたと感慨をのべられた。帰宅されてからも、一七〇名ちかい学生たちの感想文ひとつひとつに目をとおし、ていねいに返信をしたためてくださった。

戦後七〇年の節目の年となった二〇一五年には、満洲農場殉難事件に関連する展示企画を実施する機会にめぐまれた。東京農大には「食と農」の博物館という展示施設がある。ここでは年間をとおして企画展の予定がくまれているが、その年の夏はたまたま展示スケジュールの合間に空白ができた。そこで、国際農業開発学科の学科会議で承認をえたうえで、「満州報国農場の記憶」という展示会の企画を提出したところ、上原万里子博物館長・大林宏也副館長・安田清孝事務室長（いずれも当時の肩がき）をはじめ、スタッフのかたがたのご理解とご協力をえることができた。八月二〇日から九月三〇日まで、小川さんと村尾さんの監修をうけて前記の展示会が開催された。

展示会には、満洲農場に関連する写真やソ連軍による収容所からの解放証明書などのほか、小川さんが実習期間中からその後の逃避行をへて帰国するまで肌身はなさず携行したというリュックサックも展示された。

小川さんは、よごれてぼろぼろになったリュックサックを、帰国後母親が丹精こめてきれいにあらってくれたというコメントをつけて提供してくださったのだが、こんなものに関心をもつ人がいるのだろうかとはじめは躊躇されていた。しかしおどろいたことに、これをみるために、わざわざ長野県から足をはこんでくださったかたがいたのである。その女性は、展示品のことを新聞記事でしり、自分が乳児のころリュックサックにいれられて満洲から引きあげてきたという母親の話を思いだし、いてもたってもいられず、かけつけたという。

この展示会の開催中、九月一五日には「東京農業大学満州報国農場の記憶——大学と戦争を考える」と題する公開シンポジウムを開催した。シンポではまず、小川さんと村尾さんに体験談を語っていただき、小塩さんが満洲報国農場の裏面史にかかわる研究成果を報告した。つづいて京都大学人文科学研究所の藤原辰史（ふじはらたつし）さんが、満蒙開拓における学者の責任について講演をおこなった。藤原さんは農業史が専門だが、満蒙開拓につながる学問的系譜や思想史にも造詣がふかい。小塩さんとわたしが以前ひらいたセミナーにゲスト講師としてきてもらったことがあり、いわばわたしたちの同志である。

このシンポでは、いくつかの予期せぬ出あいもあった。ソ連侵攻の四日前に東安の病院でうまれた佐久本副農場長のご息女である新木秀子さんがかけつけてくださった。また、展示会に多くの写真をご提供いただいた六期生の田中博也氏のご息女である小田沿子さんも参加してくださった。田中さんはちょうど展示会の直前に逝去されたばかりであった。

話は若干前後するが、二〇一三年一二月、東京農大世田谷キャンパスに地上九階・地下一階のあたらしい大学本部ビル「農大アカデミアセンター」が竣工した。その一階にある展示スペース「実学の杜(もり)」には、壁一面をつかって東京農大の沿革が写真などとともに記述されている。そのなかの「満州報国農場」という項目には、つぎのように記されていた。

満州報国農場は、昭和一八年(一九四三)、旧満州国東安省密山県湖北に専門部農業拓殖科の訓練実習を目的として創設されたが、昭和一九年、二〇年の二回、農業拓殖科学生を送ったのみで終戦を迎え、七、五〇〇ヘクタールの土地を失った。[37]

この記述には、二つの点で問題がある。ひとつは、満洲農場の土地はもともと東京農大が所有する物件ではなかったことである。当時の国際社会によって否定された傀儡国家の制度のなかでわりあてをうけたものだが、その土地を一時的であれ所有していたと主張することは、〝満洲国〟を現在の大学の立場として肯定していることになり、国際問題になりかねない記述である。

もうひとつの問題は、この農場にかかわった学生と教職員が殉難したことについて、まったくふれられていないことである。戦後に公刊された『東京農業大学七十周年史』や同『百年史』などに収録されている年譜では、いずれも満洲農場とそこでおこった殉難事件のことが記述されている。[38] 過去の殉難者慰霊祭では、参列した遺族を前に、大学側は事件の記録を後世につたえていくことを約束していた。

東京農大の公式な展示スペースで、母校に関する歴史認識について、それまでとはことなる姿勢をあらわにしたことに対し、湖北農場からの生還者で組織した「湖北会」のメンバーは連名で大学当局に抗議文をおくった。

しかし、これに対する農大当局の回答は唖然とするものだった。この回答書は、学長名で書かれてはいたが、「大学内で検討した」とあり、当局の見解と解釈してよいだろう。要点としては、「農大の歴史のなかで事故や事件によって亡くなったかたは大勢いる。人の命の重さにちがいはなく、平等にあつかうためにはすべての事故や事件を記述しなければならないが、すべてを展示することはスペース上不可能であり、要望にはそいかねる」というものだった。

この回答は、大学の責任をすべて無に帰したものである。一九四五年の拓殖訓練実習は、大学は危険を承知しながら、学生たちに有無をいわせず参加させたものである。満洲で殉難した学生は、交通事故や自然災害で死亡したのとは全然わけがちがう。殉難事件の詳細を長年にわたってほりおこし、語りついできた生還学生たちにとっては、まったく承服できない回答だった。

そこで、わたしたちが仲介役となり、二〇一四年九月に東京農大の髙野克己(かつみ)学長と生還学生の黒川さん・小川さん・村尾さんとの会見が実現した。髙野学長の誠実な人柄もあって、会見はなごやかな雰囲気となった。髙野先生は身内に満洲からの引きあげ者がいることをあかされ、本部ビルの展示スペースの記述を修正することに同意された。

その後、展示スペースの記述には修正がほどこされ、「実習中の教員二名と学生五六名が戦渦の中で亡くなり」というフレーズが挿入された。しかし、「七、五〇〇ヘクタールの土地を失った」という記述については、生還学生たちが削除を要望したのにもかかわらず、二〇一九年一月の時点でもそのままとなっており、問題はまだのこっている。

殉難事件から七三年がすぎ、生還学生たちも高齢となった。鬼籍に入られた人たちも多くなったいま、いかにしてこの事件を語りついでいくかが、より切実に問われている。

第二章　国策と学問が手を結ぶとき
——大学はなぜ「報国農場」を推進したのか

小塩海平

「寂」の慰霊碑

東京農大の名物〝ダイコン踊り〟は、正式には「青山ほとり」という。その名の通り、農大は戦前、現在の青山学院がある場所にキャンパスを構えていたのだが、一九四五年五月のいわゆる「山の手空襲」で校舎の大半を失い、戦後に世田谷に移ることになった。現在、本部棟前の中庭には、歴史を感じさせるメタセコイヤやイチョウの木が、まっすぐに空を目指して屹立し、夏になると行き交う学生や近隣から遊びに来る子供たちにやさしい樹蔭を投げかける。しかし、これらの木々は戦後になってから植えられたものであり、移転当時はキャンパス内に戦車の残骸などが転がっていて、極めて殺風景だったという（写真４）。これらの木々の傍らには、「寂」の字を刻んだ天竜青石の慰霊碑が慎ましく場を占めている。

一九四五年八月一六日、つまり敗戦の翌日、第三代学長である佐藤寛次は懇意にしていた陸軍主計中将の自宅を早朝に訪ね、軍用地の払い下げについて助言を求めた。そして二人の若い助教授を伴っ

写真４　満洲から帰学し，世田谷キャンパスに残っていた戦車に腰を下ろす黒川泰三氏．

て市ヶ谷の参謀本部で交渉し、世田谷にあった陸軍機甲整備学校の借入使用許可を取り付けた。これが東京農大世田谷キャンパスの始まりである。戦車があったのも、そこがもともと陸軍の施設だったからで、早晩ＧＨＱに接収されてしまうのなら農大に使ってもらった方がよいということで、話はすんなりと決まったらしい。ＧＨＱの進駐前に既成事実を作るため、九月五日にはすでに授業が始められている。

『佐藤寛次伝』の著者である近藤康男は、この時の抜け目ない機敏な動きを「電光石火的軍用地占用」として高く評価しているのだが[1]、実はこの時、満洲の地で、一〇〇名近い学生たちが、引率教員もなく、敗戦の事実すら知らされずに、ソ連との国境近くに創設された報国農場からの逃避行の途上にあったのである。ソ連軍による機銃掃射に逃げ惑い、数百キロにも及ぶ昼夜不問の強行軍に疲労困憊し、飢餓や病気による衰弱に苛まれ、夏服のまま満洲の秋霜に堪えねばならず、一六、七歳に過ぎなかった学生たちは、その半数以上が力なく凍土の果てに斃れていった。その詳細な経緯は第一章ですでに足達が述べたとおりであり、樹下の慰霊碑は、この時に亡くなった犠牲者を記念するために一九七七年に建立されたものなのである。

この章では、学生たちを満洲に送り込んで見捨てた東京農大という大学やそれを担った人々について、設立までさかのぼって書き起こしてみたい。

東京農大の「生みの親」と「育ての親」

東京農業大学は日本で初めて設立された私立の農学校である。一八八五年、榎本武揚（たけあき）と伊庭想太郎（いばそうたろう）らが中心となって、旧幕臣の子弟を対象に奨学金を支給する徳川育英会が設立され、六年後の一八九一年には、直接教育に携わることを目的に、農業科、商業科、普通科の三科を擁する育英黌（いくえいこう）が飯田橋に創設された。この育英黌農業科が東京農業大学の前身であり、ここから数えて、今年（二〇一九年）は一二八周年となる。商業科と普通科には学生が集まらなかったため、農業科のみが独立することになり、育英黌分黌農業科となった。

その後、甲武鉄道（現在のJR中央線）が新宿－飯田橋の開通工事を行うことになって敷地が収用されたため、翌年一〇月に文京区大塚窪町に移転し、一八九三年には私立東京農学校となった。しかし経営難のため、榎本と伊庭はあっさりと廃校を決意している。この頃の榎本は第二次伊藤博文内閣・第二次松方正義内閣の農商務大臣として多忙を極めており、一八九七年には第一次産業組合法案を第一〇回帝国議会に提案したが審議未了で廃案、その後足尾鉱毒事件の責任を負って大臣を辞任している。農学校の経営には手がまわりかね、とくに未練もなかったようである。

この時、廃校の危機を救ったのが、評議員になっていた横井時敬（ときよし）であった。横井は母校である熊本洋学校が廃校になった苦い経験を持っており、当時、自らが議長を務めていた大日本農会常置議員会に提案して東京農学校を大日本農会に移管させ、ようやく窮地を切り抜けることができた(一八九七年)。しかし同年九月九日、暴風雨のために校舎が倒壊するという憂き目に遭い、やむをえず小石川竹早町にあった私立小学校を仮校舎として授業を継続していたところ、大日本農会の歴代会頭が華族だったこともあり、幹事長の品川彌二郎の働きかけにより、翌一八九八年、冒頭に記した青山(渋谷村常磐松御料地)[2]に移転することとなった。校舎がなかったため、大審院附属の人民控所を司法省から払い下げてもらい、移築・更生して利用した。

一九一一年、専門学校令により私立東京農業大学と改称し、横井はみずから初代学長に就任した。その後、大学令によって東京農業大学が設立されたのが一九二五年のことである。この時の学制は、学部、大学予科、専門部であり、『東京農業大学七十周年史』によれば、「伝統的な私学の旧習を抜け出して、〔略〕官学と同一基調を整えたものであった」[3]。したがって、私立大学とはいうものの、半官半民的な性格を持ち、大日本農会との関連では宮内省とも緊密な関係にあり、また先に述べた陸軍機甲整備学校の払い下げや後述する満洲報国農場設置などに見られるように、国家権力との結びつきを求める傾向も強かった。榎本武揚を農大の「生みの親」、横井時敬を農大の「育ての親」と称するのは、このような事情によっている。

榎本武揚の殖民論

東京農大の生みの親である榎本武揚は、出稼ぎ目的の移民の送出ではなく、日本の資本により外国で土地を購入または借用し、入植・開墾・定住させる「殖民論」を唱え、外務省に移民課を設置した人物であった。一八七九年には自ら組織した地学協会で、ボルネオ島やニューギニア島を買収して日本人を送り込むことを提案しており、さらに外務大臣になったときには実際にニューギニアをはじめ南洋諸島やマレー半島に役人や専門家を派遣して、その可能性を探らせている。

一八九三年には殖民協会を組織し、「メキシコ榎本殖民[4]」を実現させたが、この企ては極めて杜撰(ずさん)であり、悲惨な結末を迎えることとなった。三六名で構成された「榎本殖民団」が榎本当人に見送られて横浜港から出港したのは一八九七年三月のことで、東京農学校(前述の東京農大の前身)からも監督の草鹿砥(くさかど)寅二と学生の菅原幸徳が参加していた。しかし、現地入りをした五月は雨季の最盛期で、入植者たちを待っていたのは理想郷ではなく、マラリヤと毒蛇、毒蜘蛛のいる地獄であった。また入植地の標高が低かったため準備していたアラビカ種のコーヒー苗は不向きであり、さらに日本からの送金が間に合わず、契約移民の給料も支払われなかった。メキシコのアカコヤグア村にある記念碑の正面には「榎本殖民記念」の文字が刻まれているが、裏面には「夏草やつわ者共の夢の跡」という芭蕉の句が掲げられているという。メキシコ榎本殖民は、その後の満洲移民、あるいは南米移民(棄民)のプロトタイプといえるかもしれない。

榎本武揚はフランス人宣教師シャルル・ダレの『朝鮮事情』の重訳を一八八二年に出版し、満洲侵略の前提となる朝鮮の植民地化を訴えている。李鴻章は、一八八五年の天津条約締結の際、榎本による『朝鮮事情』出版が日本の人民の心を惑わせ、朝鮮植民地化の論調を強くしたと、不満を噴出させている。[5] 邱帆(キュウハン)によれば、「榎本は清仏紛争に対して、和解する可能性が非常に低いと判断し、清国政府が日本と決裂する可能性も低いと認識していた。そのため、強硬策を出しても、清国からの反発を招くことにならないと判断した。また、榎本にしてみれば、朝鮮の要地に日本軍を駐屯させることは、ロシア南下政策の対策であり、将来朝鮮政府に内政改革を強制させる手段でもあった」という[6]。榎本は朝鮮の内政を低く評価しており、朝鮮出兵による武力的な改革を企てていたのである。

榎本武揚のロシアにおける足跡が、満蒙開拓の参照にされたことも付言しておきたい[7]。榎本は一八七八年にサンクト・ペテルブルクから興凱湖を横切ってウラジオストクまで旅をしたが、後日、在満報国農場の総本山ともいうべき東寧報国農場が作られることになる満洲東部地域の詳しい日記を残している。

明治農学の祖、横井時敬

一方、東京農大の初代学長にして育ての親であり、明治農学の祖とも称される横井時敬は、士族出身の肥後もっこす（熊本地方の方言で「意地っ張り」）であった。一二歳にして熊本洋学校に入学し、アメリカ人教師ジェーンズのもとで英語による教育を受けている。同窓には徳富蘇峰がおり、海老名弾正や横井時雄などの著名なキリスト教徒も学んでいた。彼らは同窓であるとともに親戚関係にあった。横井時敬自身はキリスト教には距離を置いていたようであるが、嫌悪していたようにも思われない。新渡戸稲造の例を挙げるまでもなく、当時は「キリスト教」と「武士道」は極めて親和性が高かった。

東京農大の場合、最初期は札幌農学校出身のキリスト者の教員が多かったが、横井が学長になってからは駒場農学校出身の教員が増えている。おそらく札幌農学校がクラークなどの影響でアメリカの大規模農業に傾倒していたのに対し、駒場ではイギリスやドイツの小規模農業を教えており、将来の日本には後者の方が適していると判断したからではないかと思われる。横井は頑固一徹であったが、西欧の農学を積極的に取り入れる進取の気性に富み、篤農家からも学ぶ柔軟な態度を見せている。

満蒙開拓を強力に推進した那須皓は、恩師横井を評して「明治の新農学を樹立した代表者として、横井時敬先生が選ばれたことは適切である。先生の同輩、後進の中には一つの細かい専門については、先生以上の学的業績を掲げた人も少なくないが、農学全体を広く推進した人としては、指を第一に先生に屈せねばなるまい」と述べている。[8] 那須がいう「新農学」とは何か。膨大な論考が収録されている『横井博士全集』を読んでみると、結局そこに開陳されているのは「富国強兵のための農業論」である。そして「農学全体を広く推進した」といわれる横井の善意に基づく熱心こそが、その後の日本における農本主義を引導していく原動力になったといっても過言ではない。彼は東京農大創立の一八九一年に『興農論策』を発表しているが、冒頭で「一身を立て一家を修むる必ず先づ富を以て主一となす、況や一境一国に於てをや」、つまり農業の目的は農家が蓄財することであり、それなしに富国強兵は望めないと主張している。[9] 横井による農家五訓の第一に「一家を富すは、国家のためと心得、奢侈を戒め、勤倹の心掛肝要の事」が挙げられているのも至極当然であろう。[10]

横井は当時の農民を「半分遊んで居るから一向生活が進まぬ」と一貫して酷評している。「星を戴いて出で月を踏んで帰る、星光りで出て行つて月光りで帰つて来る、暗い中から暗くなるまで働くから、大変働くと云ふけれども、其働振りを見ると、〔略〕地方に依つては、夏になればグウ〳〵昼寝を四時間位オツ通してやつて居る。朝出で夕方に帰つても四時間昼寝をすれば幾らも働けない。〔略〕暑いナ、一服やらうか、さあ一服吸はう、汽車が通ればアヽと云つて眺めて居る。何か珍しいものを見ると頰杖突いて立話をして居る。然も歌を唄つて居る。〔略〕さうして御存じの通り、田植などは殆どお祭りみたやうに、遊びみたやうにして居る」という具合である。[11] また、東北の農民に対する偏見はすさまじく、日露戦争直後の東北の凶作に際しては、「要するに窮乏の原因とする所は他地方人に比べて著しく労働が足りないと云ふことに帰着するのである」とし、彼らを救恤する（見舞いの金品などを与える）ことは、依頼心を起こして、ますます惰民になる可能性があるとまでいっている。[12] 米沢出身の佐藤寛次が一八九六年の三陸大津波の際に、東北農村の惨状を見て回ったのとは大違いである。

横井によれば、このような怠惰の原因は、農民が金を稼ごうとしているのではなく、労賃をもらうとする小作的感覚が強いことにあった。横井は勤勉で貯蓄をする農民を作り出すことに腐心しており、一九一七年に那須皓が纏めた横井の講義録『農業と農学』の冒頭でも、農業は耕種と養畜とによって「貨殖を図るの業」〔傍点引用者〕だと定義している。[13] つまり、富国強兵のためには、生業ではなくビジネスとしての農業が重要だというわけである。

ビジネスとして農業を行うためには、家計と経営を分離する必要があり、農家簿記の導入や産業組合（のちの農業協同組合）の形成を試みなければならないと、横井は考えた。農民は農業経営によって利潤を得ようとしているのではなく、賃金を得られればいいと思っているので、その「豚的生活」[14]を止めさせるには農業を根本的に改良しなくてはいけない、そのためには産業組合が必要だというのだ。

一九一二年から一九一五年にかけて農商務省が予算を組んで行った農家簿記の編成と講習会は、横井が引き受け、佐藤寛次が中心となって実施した取り組みである。これは「ラウルの単式簿記方式を基礎にして、農業経営の純収益を主目的とし、そのために「農家」から「農家経営」を抽出することをはじめて試みた」ものであり、「農家を資本家的企業とみて、農業経営を抽出する」ものであった[15]。だが、多くの調査農家が脱落していることからも、この取り組みがいかに困難であったかが推察される[16]。例えば、農地を家畜や肥料と同じように、時価評価して資本と見做(みな)さなければならず、また家族労働力も雇用労働力と見立てて、家族の労働日数を一般労賃で評価した。宅地の場合は、半分が農業用、半分が家事用と見做され、倉庫や井戸も二分の一と見做された。ちなみに佐藤寛次は、一九一九年に、この時の経験をもとに「農地の評価に就きての研究」という学位論文を纏めたが、論文自体は戦災で焼失してしまったようで、現在は要旨だけが残されている[17]。

明治政府が農商務省を設立したのは一八八一年のことで、全国各地で農談会や勧業会、農事会、種子交換会などを行ったが、横井はさらに前述の『興農論策』で、農村全体に指導・統制を及ぼす組織として系統農会の構想を示し、その必要性を唱えた[18]。こうして農村には信用事業・経済事業を担う「産業組合」と農業技術の普及・農政活動を担う「農会」の二つの系統組織が形成された。大日本農会の場合は総裁に皇族をいただく団体であり、「政治上のことにとやかくくちばしを入れるのは穏当でないという意見が大勢」であったが、別途作られた全国農事会(後の帝国農会)は「府県農会を掌握する中央団体として」「骨の髄まで農商務省の代行機関になってしまった」のであった[19]。

また、横井は『興農論策』と同年、東京農大創立の一八九一年に、『信用組合論(附生産及経済組合ニ関スル意見)』を公表。ドイツ出身のライファイゼンが広めた信用組合にならって、日本でも信用組合(金融機能を担う協同組合)を興すことを主張している[20]。横井の構想によってつくられた前述の系統農会は、さらに産業組合運動と相俟って、後日、満洲農業移民を強力に推進することになる農山漁村経済更生運動の基盤を作り出した。満洲報国農場の設置は、満蒙開拓青少年義勇軍などとは違って、拓務省ではなく農林省によって管轄されたのだが、軍でも工場でも決定的に人員が欠乏していた太平洋戦争末期に人集めが可能となったのは、農村の末端まで指揮命令系統が浸透していた府県農会が派遣母体となったためである。

横井が東京農大で軍隊農事講習を引き受け、自ら修身の講義を担当したことも記しておく必要があろう。横井は士族出身という矜恃のゆえか、農民を軽視する姿勢が随所にうかがわれるのは極めて残念なことである。彼は「国のため尽す心に二つなし　弓矢とる身も鍬をもつ身も」の歌を引用し、農民も武士に倣って国のために仕えるべきことを主張し[21]、日露戦争に際しては「農業者が多い故に今日は戦争のし時で、梅干と握飯でやれる中にやらなくては損である」などと述べている[22]。さらに横井は満洲や韓国を経営するためには、農民の移住が根本であるとし、「独り満韓に対してのみ然るにあらず、北海道や樺太などに就きても、同様の意見を有し、要は我農民の蔓延を以て、我国の発展上最も肝要なるを信じて疑はざるなり」と論じている[23]。

第二代学長吉川祐輝の満洲農業科構想と第三代学長佐藤寛次

東京農大の第二代学長である吉川祐輝は、一九〇四年に『韓国農業経営論』を著し、毎年五〇万人の大きな数で人口の増える日本民族は小さな島国に肩身を狭くしているべきではない、各方面の大陸に向かって進むべきで、「就中、近き、東洋の大陸は先づ吾人の発展すへき所にして、其一角、我と一葦水を隔つる韓半島の地は当さに〔略〕民族定植の要道たり」と述べ[24]、朝鮮半島の植民地化を主唱した。

一九三一年の満洲事変後は、ただちに現地視察を行い、帰国後すぐに東京農大での満洲農業科設立を構想したのだが、吉川の構想は一旦頓挫し、その後日中戦争が本格化する一九三八年に、専門部農業拓殖科の創設によって実現をみることとなった。満洲農業科は、当時教務課長であった住江金之(すみのえきんし)が満洲国使節の文教府次官に満洲農業科設置の趣意及び目的を詳細に説明するなどして文部省の認可を待つばかりであったが、学校当局から具体的な規定の提出がなかったという理由で不許可になっている。引っ込みがつかなかった大学はすぐに満洲農業講習会などを企画したが、こちらは広報不足のためか応募者が一人しかなく、やはり取りやめになっている(『農大新聞』一九三三年四月二一日)。

第三代学長である佐藤寛次は、東京帝国大学農科大学を首席で卒業した秀才であり、産業組合の研究者として著名な学者であった。彼は一九三二年の満洲国建設に伴い、「満洲新国家の将来」[25]という論文を著し、いち早く兵農結合を説いている。曰く、「一日も早く平和の満洲を作り上げることであるが、それには先(ま)づ満洲独特の兵匪馬賊(へいひばぞく)の徒を根本的に絶滅することを絶対要件とする。〔略〕次は武器である。満洲は従来余り秩序ある国でなかつたので、その住民は支那本土と同様、街或(あるい)は村落を単位として自衛手段を採り来つた関係上、民間には沢山(たくさん)の武器がある。〔略〕この点に就て満洲を救ふ一箇の手段がある。それは兵と農との結合に依り、満洲の荒地を拓(ひら)きながら而(しか)も平和の満洲新国家を作り上げるといふのであつて、その実行に就ては或る一定の組織の下に日本が力を仮(ママ)さなければならぬといふ点である」。

佐藤は一九三二年一二月に対支文化事業調査会委員になり、一九三三年には満洲国農学会設立総会に関与し、一九三七年四月には満洲国農業政策審議委員会委員になるなど、満洲における農業政策に積極的に関わっていくことになる。だが、「一定の組織の下に日本が力を仮〔ママ〕さなければならぬ」という文言は、見かけ上、政府に対して、あるいは関東軍に対して、学者としての要望を進言しているという体裁をとっているが、保守的で慎重を信条とする佐藤が、頼まれもしないのに、あえて政府や関東軍が言いたくなるようなことを忖度(そんたく)して代弁している点は注目すべきであろう。[26]

佐藤は東京帝大を卒業するに際して自然科学系の二つの卒業論文を提出しているが、その後、文科系に転じ、産業協同組合の研究者になった経緯をもっている。佐藤の育った山形県米沢には、上杉鷹山ゆかりの伍什(ごじゅう)組合が自治共済のために存在していたし、岩倉使節団に加わってドイツの信用組合を視察し、日本で最初の産業組合法の成立に助力した同じ米沢出身の平田東助の影響も大きかったはずである。また、佐藤自身、仙台の第二高等学校時代には三陸津波や東北凶作に直面し、「各罹災地を慰問し、貧しい東北漁民の生活を目のあたりに見て、大いに若い血をわかした」と自らを振り返っているように、組合に期待するところが大きかったものと思われる。[27] しかるに借金に苦しむ小農の自立を助けるために産業組合の研究に没頭したはずの佐藤寛次が、なぜ満洲における兵農結合を説かなければならなかったのだろうか。

『産業組合の経営』という一九一二年に書かれた佐藤寛次の著作を繙くと、冒頭に教育勅語、次ページに戊申詔書が掲げられている。[28] 明治天皇は産業組合中央会に対して「御沙汰書」および「御手許金」を下賜しており、組合の存在意義は、明治天皇の恩に報いることにあるというのが佐藤の主張である。同様の論調は、例えば一九三九年に書かれた『産業組合員精神綱領に就(つい)て』などにも見られ、産業組合員の遵守すべき綱領として、「尽忠報国」、「人格陶冶」、「斉家治産」、「共存同栄」、「八紘一宇」を掲げ、ハンカチを振りながら南京の敵陣に飛行機もろとも突入して戦死したとされる海軍航空隊の梅林中尉の遺書などを引き合いに出しながら、この精神綱領の実現を訴えている[29]。

しかし、「満洲新国家の将来」を寄稿する一カ月前の一九三二年三月に執筆された『吾等の信用組合を振ひ興せ』では翼賛的な記述はほとんど見られず、郷土愛や社会連帯を説きつつ、農村の窮状に対して心を寄せる柔和な学者としての一面をのぞかせている[30]。一九一五年に大日本農会で行った記念講演「農業界に於ける日本主義」では稲の収量や養蚕技術などを取り上げて日本農業の優秀性を訴えているが[31]、他方一九二六年に書かれた『日本農業の特質と其の改善』では、日本における小規模な家族農業について客観的な分析を行い、多品目の作物栽培を小家畜や養蚕と組み合わせて労力の分配を図りつつ、大家畜や機械については共同経営を行って加工業も振興すべきことを冷静に述べている[32]。

つまり、佐藤には、国際的な視野を持った学者としての冷徹な観察眼が保持されている一方で、国粋主義を鼓吹する農本主義的態度が取って付けたように混在しているのである。このことは佐藤が満蒙開拓を推進した加藤完治グループに同化しなかったことからも推察される。学生から「何故農学校の先生を養成する本校で国民高等学校的な教育をしないのですか」と問われた佐藤寛次は、「友部の大日本国民高等学校〔ママ〕の教育は、加藤完治先生のような人がやるからできるのであって、文部省管轄の学校では一定の規則に縛られるのででき難い。人を作る教育は加藤先生のような人格者でできることで、なみ大抵のことではない。これは君達が自覚して自分を磨く以外に方法はないのです」と答えたという[33]。つまり東京農大では、精神教育ではなく、実学教育をすべきであるというのが佐藤の考えで、満洲報国農場に学生を派遣するに際しても、特段、訓話めいたことは語らなかった。

『佐藤寛次伝』には「佐藤学長は、不明のために国策に便乗し、軍を利用して、学校の拡充を考えたという批難を免れないかもしれない」などと書かれているが[34]、佐藤は決して不明のために国策に便乗したのではなく、自己のなすべき使命を冷静に見極めつつ自発的に国策を招致した積極的な責任を負っているのではないだろうか。

一九四五年五月の空襲で東京農大の青山の校舎を焼失し、学長の佐藤が来たるべき敗戦を予期していたのであれば、六月下旬に満洲報国農場へ向かう第三次隊が敦賀で空襲を受け、舞鶴を出航後すぐに機雷に当たって座礁した時、引率の太田主事からの問い合わせに対して学生派遣の「取りやめ」の決断を下さなかったことは、佐藤の一生涯の不覚といってよいであろう。

彼は、戦後も一〇年の長きに亘って農大学長の座に君臨したが、入学式や卒業式に際して、空襲で校舎を焼失し、敗戦によって樺太や満洲の農場を失ったことにはしばしば式辞で触れたものの、学生が満洲で亡くなった事実については、最後まで決して語ろうとしなかった。そして、亡くなった学生たちの遺族に対する謝罪も、生還した学生たちに対する労いの言葉もなく、まるで何事もなかったかのように振る舞い続けた。良心の葛藤はあったに違いないが、最後までそれを表明する勇気は持たなかったのである。

東京農大満洲報国農場の設置

東京農大の満洲報国農場は、府県農会が経営主体となっていた他の報国農場とは異なり、大学によって設置された唯一の報国農場であった。設置されたのは東安省密山県湖北地方である。ここに鉄道が起工されたのは一九三五年で、その翌年の機密第七三号「外務大臣　廣田弘毅宛　昭和一一年三月一八日付　在綏芬河領事代理　興津良郎」によれば、密山県の人口は、当時日本人が一〇一戸（男七五名、女五九名）、朝鮮人が一一二戸（男二七七名、女二八四名）、満洲人が一一七〇戸（男三七〇九名、女二四二七名）、外国人が三戸（男四名、女二名）であった（国立公文書館アジア歴史資料センター）。衛生状況に関しては毎年夏になると赤痢や腸チフス、天然痘が流行していたことが報告されている。このように過酷な伝染病の猖獗（しょうけつ）する土地柄であったことが、栄養不足のひ弱な学生たちにとって、さらにその後の犠牲者数を増す大きな要因になったことは疑いない。農大の報国農場として分譲されたのは自称七五〇〇ヘクタールという広大な土地であったが、学生たちの細腕で耕すことができたのは、わずか三ヘクタールに過ぎなかった。

一九四三年に現地に渡り、関係諸機関と折衝を重ねて設置の準備を進めたのは、第一章で足達が述べたように、専門部拓殖科長の住江金之教授と主事の太田正充（まさみつ）助教授である。

一九四三年九月一一日の『満洲新聞』には「教育の大陸移駐化――農大の報国農場建設」という記事が掲載され、「他の各大学、農業専門学校、農業学校等がこの計画に倣つたならば勤労奉仕隊もさらに活発化すべく、教育と国策を一にする上からも是非実行したいものである」との抱負が意気揚々と語られている。つまり、住江と太田は、大学初の満洲報国農場を作るべく、国家の要請の先回りをし、先陣切って名乗りを上げ、その結果、多くの学生を命の危機に追い込むことになってしまった。

住江金之は歴史に名を残す醸造学の重鎮であるが、戦前は興亜院技術委員を務めるなど、農大における主戦論者であり、当時は、学生部長を兼任していた。北支派遣教授団のリーダー的存在としても論陣を張っており、一九三三年一二月二四日に行われた『満洲を語る』座談会では、陸海軍の軍人や外務省・拓務省の官僚、種々の大学教授を差し置いて、見事な司会ぶりを発揮している。さらに満洲の事情通として「満洲雑話」(一)(二)、「満洲国の産業計画に就て」(一)~(三)(完)、「北支蒙疆雑話」(一)~(五)などを精力的に『文化農報』に連載している。

学徒出陣に当たって住江は「米英を殲滅せりと世界史に　しるせ卿等が鮮血をもて」と詠んで、学生たちを戦場に送り出すだけでなく、殉国精神を鼓舞していた。一九四一年一二月一五日付けの『農大新聞』に寄せた一文「宣戦布告に際し学生の覚悟を促す」は目を覆いたくなるような八紘一宇の精神で貫かれている。しかし、戦後は、満洲に関して一切沈黙に徹し、新しく創設された醸造学科の初代学科長に就任し、八三歳の天寿を全うしている。一九四五年一二月に詠んだ歌に「われとわが心に鞭し敗戦の　きびしき多を堪え越えんとす」とあるが、この時、自分たちが送り出した未帰還の学生たちのことは、彼の脳裏になかったのだろうか。のちに住江は「日本一の酒博士」と称されるようになり、勲三等旭日中綬章を受章している。

一方、農大報国農場創設当時主事であった太田正充助教授は、農大本科を卒業し、第二代学長の吉川祐輝が東京帝大の教授を兼ねていた時代に、農学部作物学教室で日本作物学会の事務を担当しながら、工芸作物学の研究を行っていた。太田は太平洋戦争が始まる一九四一年に、母校である農大の専門部農業拓殖科に助教授として就任した。一九四四年八月五・六日に『毎日新聞』に掲載された「満洲の曠野に大学村建設(上)(下)」には、太田による「鍬で築く理想郷」という独創的な構想が開陳されている。この農場は、他の府県が経営する報国農場とは異なり、「兵農兼備の除隊兵、若く朗らかで科学的な学生、高い文化を身につけた卒業生、それに東京都民いろとりどりで、そろって理想郷へ邁進する」ことが目標として掲げられていた。

太田は有言実行の人であり、この理想郷を実現するために、一九四五年入学の専門部農業拓殖科新入生全員の渡満を決め、さらに主として空襲で家を失った人達を中心とした第一四次常磐松開拓団を形成し、自分の家族を伴って、六月下旬に敦賀から、元山、羅南、図們、牡丹江を経て、農大の湖北農場を目指した。前章で足達が詳述したように、東安に行く途中でソ連の侵攻に遭い、最終的には東京城市内の旧陸軍官舎で亡くなっている。

ソ連の仕打ちや関東軍のことなど一切批判や恨みを言わず、「学生たちがこういうことになって、自分は責任者として生きてかえれない」という一言のみを残したという太田助教授の無念の思いは、いかばかりであったろうか。

報国農場の発案者、杉野忠夫

杉野忠夫は「満蒙開拓青少年義勇軍編成に関する建白書」を起草した人物である。杉野は私が卒業した東京農業大学農業拓殖学科（現在の国際農業開発学科）の初代学科長であり、東京農大の外にはあまり知られていない『杉野忠夫博士遺稿集』（一九六七年）から、私は彼が満洲報国農場の発案者であるという事実を知ることになった。そこには以下のような経緯が記されている。「昭和十五年、満洲国に招かれて開拓政策の企画推進にあたったとき、さっそく、国有未墾地の入植開拓を実現するために、進言したのが報国農場の構想であり、各府県に一農場ずつ将来の入植拠点として所管させるほかに、各種団体にも分担してもらうことにし、当時、東京農大の拓殖科の特別講義に出講していた関係で、東京農大にもその一つを分譲することを満洲国側にいて企画したのは私であった」[35]。

満洲国建国当初、日本では「満洲移民不可能論」が大勢を占めていたが、強硬な否定論者であった高橋是清蔵相が二・二六事件(一九三六年)で殺害された頃から、満洲への移民政策が一気呵成に進められることになった。その中心的な役割を果たしたのが、日本国民高等学校校長・満蒙開拓青少年義勇軍訓練所長をつとめ「満蒙開拓の父」と称された加藤完治、当時農村更生協会理事長であり、後に第二次近衛内閣の農林大臣になる石黒忠篤(ただあつ)、農林官僚であった小平権一、農業経済学者で東京帝大教授の那須皓、京都帝大教授の橋本傳左衛門(はしもとでんざえもん)らであった。彼らは関東軍の東宮鉄男(とうみやかねお)、石原莞爾らと協力して大量の移民を満洲に送り込んだのだが、「病弱な体を押して「没我的に」働きつづけた「裏方」」こそ、杉野忠夫であった[36]。

杉野は一九〇一年に田中小太郎の次男として大阪に生まれ、四歳の時に杉野為吉の養子となっている。一九二二年に東京帝大法学部政治学科に入学するが、その動機は「このうるわしい日本の国土で、働いても働いても、貧乏から縁のきれない大衆を、いかにして貧乏から解放するかということに、私の生涯を国の中堅層として、有意義な生活ができるようにすることにささげようと決心した」からだという[37]。東京帝大入学後は「そうそうたる革新派で、いわゆるマルキスト、当時、東大教授で天下に名をはせた吉野作造博士の傘下に入り、街頭にも進出して、第一次世界大戦後さかんになった労働運動や学生運動の斗士(とうし)として頭角をあらわしていた[38]」が、その後、那須皓のすすめを受け、京都帝大の大学院に進学し、橋本傳左衛門の指導を受けることとなった。

その後「農業経済や農村問題については、研究室における机上研究も良いが、同時に農村に出かけて実地に接触してみる必要がある。マルキシズムが農村社会にどのくらい妥当するか、よく足を地につけて検討したらどうか」という橋本の進言を受け入れ、一年間、静岡県志太郡稲葉村で農村生活を経験することになった。(39) この時に、二宮尊徳の思想や報徳社運動に接しており、それが後日、満洲「報国」農場を構想する契機になっているのではないかと想像される。その後、日本国民高等学校の校長である加藤完治のもとで実習を行い、満洲移民運動へと傾倒していくことになった。一九三三年には京都帝大の助教授の地位を放擲して、農村更生協会や満洲移住協会で活動をはじめ、ついに満洲国開拓総局の参与という役職を担うことになった。

つまり杉野忠夫は、単なる東大出身のエリート官僚というよりは、泥と汗にまみれて農民と生活を共にした実践家であり、自らの経験に基づいて青少年を「皇国農民の道」に引導し、満洲移民に駆り立てることに存在をかけて打ち込んでいたということができるであろう。

杉野忠夫の満洲開拓理論

杉野忠夫の満洲開拓理論は、自称「我武者羅(がむしゃら)開拓論」といい、以下のようなものである。(40)

「年々入植する土地が、鉄道沿線から遠距離になつてゐることはたしかです。大体一年に十キロづつ駅から遠ざかります。最近は平均五十キロです。今後はます〳〵遠くなる。随つて建設資材の運搬、或(あるい)は生産物の搬出は非常に悪くなつて来る。そのため安く建設して販売を有利にするためには、どうしても鉄道を敷いて建設の基礎条件をよくしなければならないといふことは、これはもう現地の全部の意見なのです。しかしながら勿論(もちろん)私もそれに異存はないのですが、例の不可能を可能にするといふ我武者羅開拓論からゆくと、そんなことは問題でない。なぜ問題でないかといふと、停車場から五十キロ、六十キロ、ひどいのになると百キロぐらゐ奥に入植する時のやり方には又特殊の方法があると思ふのです。いままでの開拓経験は皆駅から十キロか十五キロの鉄道沿線に造る村のやり方だ。言い換へますと、汽車で材料を運んで来て、生活資材は毎日トラックで往復して運ぶ。出来た品物はまた停車場まで持つて行つて売るといふ経営をやるから今のやうな問題にぶつつかる。しかし満洲のあの未墾の沃野を原住民或は白系露人が初めて開拓した場合は、そんなことは問題にしてゐなかつたに違ひない。〔略〕つまり鉄道が出来て村が出来たのではなく、村があるから鉄道が出来たのです。それを人々は逆転して考へてゐる。さういふことでは英米の悪口は言へないと言ふんです。だから私は最悪の場合鉄道が敷けなかつたとしても、満洲開拓は何等問題はないと思ひます。やるやうにしてやるだけです」〔傍点引用者〕。

同様の主張は随所に見られ、例えば自身が編集していた農村更生協会の雑誌『村』には、「背水の陣」と銘打った次のような巻頭言がある。「日本の国力と云ふものを統計で摑めると思ふ所に大きな問題があるのだ。日本国民は絶体絶命の境地におかれたならば統計では現れない偉大な力を発揮するに違ひない」(41)。杉野を含む「加藤グループ」は、内原満蒙開拓青少年義勇軍訓練所などで、それこそ我武者羅に皇国農民精神をたたき込んだ。しかし、実際に満洲に送り込まれたのは、年端(としは)もいかない子供だったのだ。事実、東寧報国農場で経理部長を務めた平田弘氏に訊いたところ、「夜ごとに脱走をする隊員が増え、翌朝には東寧警察署または鉄道公安室、国境守備隊あるいは憲兵隊等の監視は避けられずそれぞれの関門で保護の身となり、小生か松川君が東寧まで貰い下げの繰り返しであった」という(42)。

学生の帰還と大学の対応

戦前青山にあった東京農大は一九四六年三月二九日に旧陸軍機甲整備学校跡に移転を完了したが、専門部拓殖科はGHQの指示により名称を開拓科に変更させられ、学生の募集を行ったものの応募・入学者が得られず、一九四七年三月の三年生(七期生)の卒業とともに廃科となった。満洲から三々五々帰国した二年生(八期生)は昇年と共に他学科へ編入することとなり、帰還学生のほとんどは農学科に籍を移した。したがって、満洲から帰還した学生たちは拓植科の卒業にはなっておらず、このことが大学側の責任の所在を曖昧にし、その後の対応を遅らせた一因にもなっている。

満洲から最初に帰学したのは、後日「八海山」で知られる八海醸造の社長となる南雲(なぐも)和雄氏であった。南雲氏の生還を受け、大学側は、満洲から帰還した学生への対応と情報収集のため、伊東信吾助教授を担当者として善後処理に当たらせたが、遺族に対する報告は、生還した学生たちが直接死亡学生の実家に赴いて行ったという。生還者の一人、小川正勝(まさかつ)氏に訊いたところ、学友の最期の様子を遺族に伝えるのは、まさに「針の筵(むしろ)」であり、「君は生きて帰ってこられてよかったね」といわれると居ても立ってもいられなかったそうである。小川氏の証言によると、大学側は様々な書類を保護者宛に送付するときに、あえて不達になるような小細工を行い、煩わしいことを避けていたとのことである。

なおここで明記しておきたいのは、第三次隊として、太田主事の引率の下に渡満して行方不明になっている二人の学生に関しては、現時点においても大学当局が捜索の責任を負っているということである。遅きに失したとはいえ、今からでも中国政府やロシア政府の協力を得て、情報の獲得に努力を傾注するのが、教育機関を自認する学校法人東京農業大学としての当然の責務であろう。また、報国農場に随伴して渡満した第一四次常磐松開拓団についても、大学によってその歴史の顚末が明らかにされる必要がある。

佐藤寛次の失脚と第四代学長千葉三郎

一九四九年二月に新制大学の設置が認可されたとき、東京農大は佐藤寛次学長の下、農学科、林学科、畜産学科、農芸化学科、農業工学科、農業経済学科、緑地学科、協同組合学科の八学科体制で出発した。しかし、「新制大学最初の年度は、受験者を締め切った段階で、農学科と化学科とは定員を突破したが、他の学科はいずれも定員に満たず、新しく設けた協同組合科の如きは、定員三十名のところへ志願者二名という状況であった」という[43]。その原因は、占領政策による農地改革が行われたために、農大の主要な校友であった地主階級が没落したことと、戦後、駅弁大学と呼ばれるほどに大学の設置が急速に行われたことによる。「多くの大学が資産を食い潰しているなかで佐藤学長が堅持した財政方針は、国有地獲得など将来の大計に備え、当面の困難には教職員と学生との耐乏をもってするというのであった[44]」。当然、教職員や学生の不満が高まり、常磐松校地の売却によって当面の危機を乗り切ったものの、佐藤は次期の学長選に敗れ、農大を去ることになった。

第四代学長となった千葉三郎は、以下のように述べている。「私は雨の降る日、農大を訪問し、隈なく校内を視察した。その時、自炊の学生寮で机がなく俵の上に板をのせて、降りしきる雨を新聞紙や雨傘で凌いでおる姿を見て、これは父兄に対しても相済まない、放っておけない、一刻も早く改築すべきだという気持になり、そこで一巡した後、佐藤学長に感想を述べ、学寮の改築を進言した。ところが先生は、それには金がかかる。寮が出来ると赤の学生がはいって学風を壊す恐れもあるといって反対された。そこで私はアメリカの学生生活の例を引いて、楽しい学園を作りたいと述べたが、容易に御賛成はなかった。これが私自身学長就任の決意をした動機であります[45]」。佐藤が学長選に敗れ、農大を去ったことで、満洲報国農場に関する無関心と無責任はいよいよ助長されることになった。

農業拓殖学科の設置と初代学科長杉野忠夫

戦前、大政翼賛会のメンバーでもあった千葉三郎は、かつてアマゾンで生活した経験もあり、「東京農業大学の学長に就任した理由の一つは、農業拓殖学科を設置し、全国の青年に夢を与えたかったから」だと述べている。曰く、「わたくしは就任と同時に農業拓殖学科を設置することを決意しましたが、さいわいに教授会も理事会も賛成であったので、さっそく文部省に申請しました。ところが四年前とはいえ、想像もできないくらい当時の日本の学界は消極的で、農業拓殖学科を設置することは諸外国を刺激するとか、あるいは日本人は海外パイオニアとして不適格であると論ずる者などもいて、なかなか許可がむずかしかったものです。しかし、石黒忠篤先生（参議院議員）、那須皓先生（駐インド大使)、磯辺秀俊先生(東大教授)などの非常な御尽力によって、条件つきで許可を得たのです。それは農業拓殖学科の責任者として杉野忠夫氏を推薦されたことです。これはけっして天下りでも官僚の押売りでもなく、終戦後、はじめて設置される農業拓殖学科が万一失敗してはならないという深い考慮で、わたくしもその御厚意に感謝し、ありがたくお受けいたしました」(46)。

こうして杉野忠夫が農業拓殖学科の初代学科長として招かれることになったわけであるが、『凍土の果てに』の編者である黒川泰三氏によると、学科設置の二年前、専門部拓殖科の一期生から八期生の代表に招集がかかり、すでに新学科長予定者として杉野忠夫が紹介されたという。当時、黒川氏は杉野が満洲報国農場の発案者とはつゆ知らず、生還者の間で温めていた慰霊祭の企画に対して理解を示してくれたことに謝意を抱いたのだそうである。千葉学長の回顧録とはだいぶ違ったニュアンスであるが、もしかしたら杉野自身による働きかけがあったのかもしれない。

杉野忠夫は、敗戦時、石川県に修練道場を開設し、そこで指導に当たっていたが、満洲国開拓総局参与という経歴にも拘わらず、公職追放を免れた。橋本傳左衛門によると、「そのころ全国的に農民道場は経営伝習農場という名称になり、従前の加藤式精神主義の教育は排せられ、もっぱら経営技術を青年に伝習させるたて前になっていた。そのころは、一般に国旗を掲揚したり、国歌を斉唱することは極度に差し控えていた。戦後の国民虚脱時代であった。しかるに杉野場長だけは、遠慮なく毎朝習練(ママ)生を集めて日の丸の旗をかかげ、君が代を斉唱し、東の空を伏しおがんで天皇陛下の栄彌(ママ)を三唱していた」(47)。杉野は敗戦経験によって自らを反省したり、後悔したりすることはなく、また自ら建白書を起草した満蒙開拓青少年義勇軍や彼の発案によって始められた満洲報国農場がどういう顚末を迎えたかについても、極めて無頓着であった。言葉のうえで、自分の罪責を吐露していることがなくはないが、最後の最後まで、自らの責任を生還者に対して口にすることはなかったのである。このことは、一九五六年に、杉野が農大に新設された農業拓殖学科に初代学科長として就任した際に寄稿した、次の『農大新聞』の一文からも明らかである。

「私が満州国開拓総局の参与として赴任した時、農大で満州に農場を持ち度(た)いと云って太田助教授が来られた時、新京の私の家にお泊まり願ってそこで色々と企画のご相談にも乗り、開拓総局の局議を動かして、土地の斡旋までしたので私は農大拓殖科によって五族協和の理想国家の中核が形成されることを夢見ていたので公私両面からその支持を惜しまなかったのである。所(ところ)が御承知の如くソ連の背信侵略と云う大東亜戦争最後の大悲劇によって満州開拓と云う民族的大運動は同志の惨憺たる全滅の悲運を喫し、農大満州農場は太田教授(ママ)以下ほとんど全員全滅と云う史上にも希有の悲劇を以て終焉したのである」(『農大新聞』一九五六年六月二〇日)。この文章は、当事者として関与した責任ある者の文章としては到底看過できない問題を含んでいる。(一)戦後になっても満洲開拓を「民族的大運動」と称して理想化し続けている、(二)「同志の惨憺たる全滅の悲運」と書いているが、少なからぬ生還者がおり、決して「全滅」ではない、(三)悲劇の原因は他ならぬ自分たちが創り出したにも拘わらず、ソ連の侵略に全責任を転嫁している、などである。

このような人物が、そのまま新設農業拓殖学科の学科長になり、国策としての海外移民や涂上国支援などを推進していったことは、東京農大の忘れてはならない戦後史である。

第三章　満洲移民はいかにして農学の課題となったのか
——橋本傳左衛門の理論と思想から考える

藤原辰史

橋本傳左衛門とその時代

橋本傳左衛門（はしもとでんざえもん）は、一八八七年七月一一日に埼玉県北部の村で生を享け、一九七七年五月一三日に京都市で病死した。一九〇七年に第一高等学校卒業後、東京帝国大学農科大学に進学した。一九一〇年に卒業後、日本勧業銀行に勤め、退職後母校と早稲田大学の講師になる。第一次世界大戦後に荒廃したドイツで留学生活を送り帰国。一九二三年五月二八日、京都帝国大学にできたばかりの農学部に農林経済学科を設立。同年一一月一七日、農学部の二代目学部長に就任した。その二日後には社会政策学会の解体を受けて日本農業経済学会が設立されているが、その発起人のひとりとして尽力している。

農業労働問題、農業経営などを研究し、一九三四年に雑誌『農業と経済』を創刊した。この雑誌はいまなお続いており、わたしも含め、農学・農業に携わるさまざまな執筆者が文章を寄せている。そして、国民高等学校校長の加藤完治の農本主義に共鳴し、あらゆる援助を惜しみなくしつづけ、満洲移民推進派の論客としてその運動を繰り広げて、その実現に心血を注いだ。一九四〇年から四三年までは満洲国の新京を中心として主要都市に複数支所が設置された満洲国開拓研究所[1]の所長を、京大教授と兼任で務め、日本と満洲を何度も往復した。戦後は、公職追放や教職追放もなく、京都大学農学部で教鞭をとり、一九四七年に退官したあと、一九五六年から六六年まで、滋賀県立短期大学の学長に就く。

若い頃は結核に苦しんだが、それを克服したあとは極めて精力的に学問や実践の場で活動を繰り広げている。二歳年下であるアードルフ・ヒトラーと同時代人であるが、ヒトラーは一九四五年に、かつて橋本が留学したベルリンで自殺を遂げているので、それより三二年ほど長く生きている。ヒトラーと橋本が同じ時代を生きていたことは重要なのだが、それについては後段で述べる。

革命と戦争とファシズムの時代、橋本はこの波乱の時代を農業経済学者として生きただけでなく、農業経済学の骨格を作り、農業政策のブレインとして時代そのものの形成に関わった。戦後の橋本は、戦時中は時代に翻弄されていたと振り返るが、客観的には当時、主体的に時代を動かそうとしていたことは否めない。

だが、橋本傳左衛門の農学のなかで満洲移民がどう位置付いているかについては、橋本本人が敗戦後多くを語らなくなったこともあり、研究史上も十分な検討がなされているとはいいがたい[2]。総括がないということは、たしかに、橋本傳左衛門の農学者としての倫理と責任の欠如を意味すると言わざるをえない。それは徹底的な追及がなされなければならないし、実際になされてきた。けれども、それと並んで重要なのは、総括の不徹底ゆえに、橋本が十分に展開できなかった農学の総合的把握もまだ進んでいないことである。

杉野忠夫の師、橋本傳左衛門

東京農業大学とは直接的な関係の少ない橋本傳左衛門を本書であえてとりあげるもうひとつの理由は、彼が満洲報国農場の立役者である杉野忠夫の師にあたるからでもある。

一九〇一年に大阪で生まれた杉野忠夫は、東京帝国大学法学部の新人会で活躍したあと、「左翼の闘士」として期待されていたマルキストであり、アクティヴィストであった。しかし、共産党には結局入党しなかった。その理由は、彼の自伝『海外拓殖秘史』の「若き日の悩み」という節を読むかぎり、農村の貧困や小作争議の激化や米騒動などの事件にみられるような食糧や農業の問題を、マルクス主義が解決するという確信が持てなかったからである(3)。

また、そもそも母の故郷が広島の農村であったことから、杉野はずっと農村問題に関心を抱いていた。進路に悩んでいることを、農村問題に関する研究会の顧問を頼んでおり、新人会の集会にも顔を出していた東京帝国大学農学部教授の那須皓(なすしろし)に相談したところ、彼が紹介したのが京都帝国大学農学部教授の橋本傳左衛門であった。なお、那須と橋本は、満洲移民プロジェクトを推し進めることになる学者の二本の巨木といってよい農学者である。杉野が橋本の研究室に入るのは、一九二五年の春である(4)。戦後、橋本は、当時のことをこう振り返っている。

杉野君の前歴については、私ははじめ何も知らなかった。本人は毎日自宅から通って神妙に勉強している様子であったが、その後伝聞するところによると、同君は、東大学生時代、そうそうたる革新派で、いわゆるマルキスト、当時、東大教授で天下に名をはせた吉野作造博士の傘下に入り、街頭にも進出して、第一次世界大戦後さかんになった労働運動や学生運動の斗士(とうし)として頭角をあらわしていた(5)。

杉野は研究に熱心で運動には関わっていないように橋本の目には映っていた。ところが、事件が起こる。杉野は河上肇とは関係がなかったと言っていたにもかかわらず、京大学連事件で河上が家宅捜索を受けたとき、杉野も自宅を捜索されたのである。それからしばらく、杉野は特高警察の「要視察人」になる。杉野がかつて国家にとって危険な人物であったこと。この事実はのちの満洲移民運動での八面六臂の活躍ぶりを知るわたしたちにとって、いくら強調してもしすぎることはない事実であり、橋本は、その危険な人物を放逐するのではなく、国家に有用な人物への変容を促したのであった。

橋本は、資本主義的な農業経営に対する批判を熱心に展開したとはいえ、マルクス主義者であったことはなく、のちに述べるように、マルクス主義のロシア農村での実現であったコルホーズ(集団農場)に対してもその痛烈な批判者でさえあった。だが、橋本は他方で「マルキシズムが農村社会にどのくらい妥当するか、よく足を地につけて検討したらどうか」と杉野に農村実地調査を勧めるように、懐が深い面もみられる。この事実は、ナチス農業政策の紹介者となる、橋本の同僚の渡邊庸一郎も戦後に回顧している。

〔橋本〕教授は各個人の研究を自由にのばしてゆくことに格別深い配慮をして下さったのである

が、同時に農学の研究が実証科学であり応用的な学問であるから、絶えず農村に出むいて農業・農民・農家経済の実態を観察し実験しそのデータを分析して理論を検証し体系化することに努めなければならぬことを注意せられた。東大法学部を卒業して本学の大学院生であった杉野忠夫君などが余り理論に夢中になりすぎて実際を知らぬというので、同君を一年間留学（在留は静岡県志太郡稲葉村）させられ、同君も農家と寝食を共にして実地の研究をせられたのであった。(6)

静岡県の稲葉村に入り、そこで一年間、農作業の手伝いをしたり、この地域で盛んな二宮尊徳の報徳思想を学んだり、年中行事に参加したりしながら、次第に「若き日の悩み」が消えていったというのは、杉野本人のみならず側から見ていた橋本の言うところである。ただ、この農村調査は決してスムーズに始まったわけではなかった。橋本は、杉野の農村への受け入れにさいして起こった問題について、こう述べている。

杉野君はまだ思想警察の要視察人であったが、もし静岡県下に転居するなら、藤枝警察署に視察を委託すると、杉野君住居地所轄の京都中立売警察署が主張してきた。これにはちょっと弱った。何も知らない純撲〔ママ〕な農村まで警察から月々監視に来られては、万事ご破算になってしまう。そこで私は同警察署の係官をたずね、本人は元来要視察には該当しないはずだという私見をのべ、しかしそれでもなお視察するというなら、私のところへ来てもらいたい。私のところで本人の動静は一切よくわかる。また私自身が本人については、全責任を負うと諒解をもとめた結果、とうとう委託視察はしないことになった[7]。

だから、杉野にとって橋本は恩人だった。「京大事件のとばっちりで検察当局の家宅捜索をされたとき、あやうく退学になるところをかばってくださった橋本博士のご厚情は終生忘れないだろう[8]」と、杉野は自伝で橋本への感謝の意を漏らしている。こうした恩義も、橋本の満洲移民運動に献身的に関わることになるひとつの理由だったかもしれない。

たとえば、一九三二年の四月、橋本は突然杉野に「加藤君がきているが、ちょっと家までこられないか」と電話したエピソードは興味深い。直行した杉野に、橋本が「杉野君、満洲へ行かんか」と唐突に依頼したにもかかわらず、杉野は即快諾。翌日夜にはなんと加藤完治とともに満洲に行く。そんなこともあった。

以上のようなエピソードを私が満洲移民の歴史を考えるうえで重要だと思うのは、繰り返すが、マルクス主義の問題である。満洲にはもともと転向した左翼知識人たちが多数渡航したり、政策立案や経済分析に関わったりしていたが、それは彼らがマルクス主義者だった時代にぶつかっていた問題を完全に捨て去ったからではない。社会を変えていくという望みも、失ったわけではなかった。むしろ、その問題意識も希望も、転向後もなお持続させていたのである。杉野も橋本も、農村と農民に害をもたらすという理由で資本主義を批判し、市場経済のルールに馴染みやすい大農経営よりも、小規模の家族経営の意義を強く主張していた。家族の労働力に根差した農業を推奨する考え方を農本主義、あるいはそのなかでもとくに小農主義（あるいはペザンティズム）と呼ぶが、橋本もこの系譜から外れないどころか、その本流に立ちつづけた。

資本主義社会への批判とそこからの突破の必要性、これらの点だけをとってみれば、橋本傳左衛門もまた、マルクス主義者たちのそれに匹敵するパトスの持ち主であり、だからこそ、橋本は杉野を手放さなかったのかもしれない。マルキストであった杉野が橋本や加藤の農本主義的実践に感銘を受けたのも、マルクス主義の限界を感じていたからだけではなく、その未完のプロジェクトの次なる受け入れ先として農本主義をとらえていたからであろう。だからこそ、橋本たちのパトスが、現地の住民の生活を苦境に追いやり、あまりにも多くの人々の命を奪った事実から橋本が戦後ずっと目を背けていたことは、いまなお、大きな問題としてわたしたちのまえに横たわっているのである。橋本傳左衛門の満洲移民に関する学界やメディアでの発言を追い、その限界を見極めることは、現状に追随する学問の担い手というよりは、現状を批判する学問の担い手にとってこそ必要な作業であるとわたしは思う。

チャヤーノフと「怠惰」

伊藤淳史は『日本農民政策史論――開拓・移民・教育訓練』（二〇一三年）のなかで、戦前には「私益」を優先する農業経営を強く批判していたにもかかわらず、一九四七年の京都帝大最終講義でかつての時代を「私経済学の受難時代」と総括する橋本傳左衛門をつぎのように批判している。

橋本が行ったような、戦後におけるあからさまな過大の隠蔽は他の内原グループ（茨城県の内原に国民高等学校を設立した加藤完治を中心とする官僚、学者のグループのこと)とは著しい対照をなす。「皇国日本」という国家像に依拠して「日本民族」の優秀性(裏返しとしての他民族の蔑視)によりアジア侵略を正当化し、自らの学問までも譲り渡した橋本は、戦時期における自らの言動を完全に封印して戦後を生きた。しばしば内原グループ全体に向けられる時流便乗者との評は、橋本にこそ相応しかろう[9]。

伊藤が的確に批判する戦後の橋本の変節は、多くの軍国主義者が敗戦後に手のひらを返したように民主主義者になっていったような敗戦国日本の精神的風土を体現している。満洲ブームの訪れた時代には、満洲移民に適合する農業経済学を編み出し、敗戦後は手を翻して「私経済」的な個人主義を擁護してしまう。過去を「封印」する橋本に、学問の担い手としての誠実さをみる人間はほとんど誰もいないだろう。橋本の隠蔽をここまではっきりと露呈させた伊藤の貢献はやはり大きい。なぜなら、橋本が口にするような農本主義的言説はいまなお多く耳にするし、農の本源的価値をとらえようとする研究者は(わたしも含めて)戦前に放たれた言説と重なる部分が多少なりとも存在するからである。中途半端な過去の総括だけでは、次なるステップに踏みこんでも行き詰まらざるをえない。

本章では、前記のような橋本の変節を前提のうえで、その前段階である理論の形成過程と戦後も変わらなかった部分も同時に追っていきたい。とくに、橋本が農業経済学の理論を形成する過程で影響を受けた海外の研究者たちに着目していく。というのも、橋本が訳したり、部下や学生に訳させたりした書物は、どれもが、日本ばかりでなく世界の農業従事者や農学者が抱きがちな現実社会の批判を含んでいたからである。さしあたり、二人の名前を挙げておきたい。チャヤーノフとエーレボー、二人の農業経済学者である。どちらも主著をドイツ語で執筆しているゆえに、橋本も吸収しやすかったことは間違いない。

ロシアの農業経済学者アレクサンドル・チャヤーノフは、橋本に少なくない影響を与えた小農論者である。すでに筆者は、橋本傳左衛門のチャヤーノフの受容について論じたことがあるので、影響の詳細については詳しくは立ち入らない[10]。ただ、チャヤーノフの主著『小農経済学』（一九二三年）を研究者の道を歩み始めたばかりの杉野忠夫と磯邊秀俊（一九四三年に『ナチス農業の建設過程』を上梓する農業経済学者）に一九二七年に訳させたのが橋本傳左衛門であったことは強調してよいだろう[11]。

一九世紀初頭、ゲーテと同時代に活躍した農学者にアルブレヒト・ダニエル・テーアという人物がいた。彼はもともと医者であったが、農業の研究に目覚め、やがて、農学の体系を作り上げる。ドイツで「農学の父」とさえ呼ばれるテーアは、純利益を得ることが農業経営の究極の目的である、という定式を作り出した。資本主義時代にふさわしい近代農学の原理をテーアは打ち立てたのである。しかし、橋本は日本の農民には環境的にも精神的にもテーアの理論が当てはまらないと思い、ずっと受け入れようとしなかった。テーアとは異なる定式を、彼は探したのである。

チャヤーノフは、家族編成の変化と疲労度に基づいて経営目標を決めるモデル、つまり、家族が養える程度に働いたらあとは働かないという小農経営の形態と、その資本主義に対する強靭さについて論じた。橋本の言葉を借りれば、「どうにか食つて行けさえすれば、それ以上骨を折つて仂(はたら)くには及ばない[12]」、そんな農家経営像である。農民の「感情」を軸に経済を語るチャヤーノフに橋本は注目しつつ、他方で、一九三一年の代表作である「農業経営の私経済的目標」で、チャヤーノフの理論は「怠惰な」ロシア人を対象としているからこそ当てはまるのだ、と断じた。つまり、日本人はロシア人よりも勤勉な民族であるから、ある程度疲労したとしても所得を最大限まで上昇させるため働き続ける、という民族決定論的なモデルを提示したのである。これは、当然ながら、「大和民族」が満洲の地で明確な経営目標を立て、その実現のために他の民族を指導するという主張の裏付けとなった。時流に理論を適合させたのである。

ただ、確認しておかなければならないのは、実は農民の「怠惰」の問題が橋本傳左衛門の研究のなかに登場したのは、これが初めてではないことだ。学問の仕事を始めたときから、このテーマはずっと彼のなかで重要な位置を占めていた。京都帝国大学に就職するよりも前、一九二〇年に橋本は「農業労働問題の特色」という論文を著した。翌年にジュネーヴで開催予定の国際農業労働者大会が日本農村でのサボタージュ行為を初めとする階級闘争を煽ることに牽制を放つという文脈で、彼はつぎのように述べていた。

尤も農業経営の見地よりして本邦農業者は、時間の利用と云ふ点に於て遺憾とする所が少く無い、農民は暁に星を戴いて出で、夕に月光を踏んで帰るとか称して、農の忙しい時は野外に仕事をする時間が頗る長い様であるが、正味仕事をする時間と云ふものは其実案外少く、先ず一服と云うて頻々と休み又立話しに時を費やす、唄ひ乍ら仕事をし話し乍ら仕事をする、云はば一種の怠業をやつて居る様なものであるが、併し此怠業たるや、農業以外の労働者に於て見るが如き、雇主に対する要求貫徹の一手段として多数団結して決行するに非ずして、個々別々に行なふ所の因襲的怠業である。[13]

橋本の師である横井時敬もまた、田植え歌や稲扱き歌などの労作歌を怠慢だと批判して農民たちから「現実をわかっていない」と集中砲火を浴びたことがある。[14] 横井も橋本も、仕事中の雑談を禁止するような（ましてやサボタージュという抵抗手段を評価することなど毛頭ないような）テイラー主義的な労働を理想としていたことは、いくら強調してもしすぎることはない。ここが、加藤、橋本、杉野に共通する内原グループの農本主義の大きな特徴である。つまり、農作業の徹底的な純化である。効率よく農業を進めるために、無駄を省く。二宮尊徳を例に出し、己の限界まで働き続ける「勤勉」な農民をモデルとした橋本や杉野は、安易な農業機械化礼賛を批判しているが決して懐古主義者でも復古主義者でもない。基本は、農民の身体を管理して、身体的にも精神的にも国家のために最大限の力を引き出すことを理想とする近代主義者といっても過言ではないだろう。

この勤勉主義（もっといえば勤勉強制主義）ともいうべき態度は、満洲移民の運動のなかで、満鉄（南満洲鉄道株式会社）を意識して定立されたとみてよいだろう。一九三二年四月一日、満洲国が建国されて一カ月後に刊行された雑誌『エコノミスト』のなかで、橋本は「日本農民としての植民的自覚」が必要だと述べつつ、こう続けている。

経営は大体資本主義的経営（資本本位、支那人苦力をあてにする大規模経営）としないで、自家労力を中心とするいはゆる労作的経営（非資本主義の経営、いはゞ自作農式経営）を可とする。[15]

加藤聖文が指摘するように、満鉄は、安い賃金で苦力を雇って合理的に開発を進めて行くことを考えていたが、関東軍は、軍事的・政治的思惑から日本人主体の開発を目指していた。[16] 橋本の論考は、満鉄の考え方に対する牽制ともとれる。

結局、分村移民というかたちで農村の「更生」とセットになって、満洲移民が進められていくが、この過程で加藤完治らの二宮尊徳的な精神主義が幅を利かすようになる。ここには、横井時敬以来の、農家経営の「強靭性」を強調しておきながら、その強靭性の源である生命力を最大限国家のために搾り取ろうとする、農業労働のテイラー主義的な純化を求める思考が、橋本傳左衛門を経て、満洲移民運動の精神主義、勤勉主義へと結実しているようにも見えてくる。

エーレボーと「欲望」

さて、つぎにフリードリヒ・エーレボーに移ろう。

第一次世界大戦に敗戦して飢餓がまだ蔓延していた時代、橋本傳左衛門はベルリンに留学した。このときの受け入れ教官がエーレボーであった。シュトゥットガルト近郊のホーエンハイム大学からベルリン大学に移ったばかりのドイツを代表する農業経済学者で、学生のあいだで「人気があって」、エーレボーが講義する大講義室はいつも満員だったと橋本は一九七三年の自叙伝で振り返っている。[17]

橋本の自叙伝は、エーレボーの生い立ちにも言及している。バルト海沿岸のリトアニア出身で、少年時代に作男(さくおとこ)(Knecht)として農場で働いていたという苦労人だった、と橋本は書いている。だが、実際のところエーレボーはハンブルク近郊のホルンで教師の息子として生まれ、その後、バルト海沿岸のラトヴィアの首都リーガで青春時代を過ごしていたことまではたしかだが、作男として働いていたかどうかは不明である。ただ、「イエナ大学を卒業した後、農業教員になったり、ドイツ農会の役員になったり、農場の支配人や農業金融機関の抵当地鑑定役になったりしてから、大学の教官になった」という橋本の記述はほぼ事実通りである。「実地」をよく知ること、ゆえに「キザっぽい」ところが少なく、「二宮尊徳」のように「理論と実践が一体となっている」こと、横井時敬のように発言が無遠慮なこと、「この世界に有名なドイツ人の足なみのみだれ」がいけないのだ、と叫んだこと、など、エーレボーのとても人間的な側面を、橋本は紹介している。一九七三年の回想でも二宮尊徳が登場するのが橋本らしい。

橋本にとって、チャヤーノフの理論が対決すべきフレームワークだとすれば、エーレボーの理論は、さしあたり準拠すべきフレームワークであった。エーレボーは、テーアを批判して、農業経営の目標は、「農業者及びその家族の欲望をなるだけ完全に満足することである」と述べている。

アェレボー博士としては、従来の学者が、とかく金銭化した利益のみに重きをおいているのにあき足らず、自給物資のごときは現物のまま欲望満足に役立つのであるから、経営の成果を何でもかでも市場価格に換算するのはかえつて合理的でないということを指摘するとともに、現金的所得といえどもその価値は、これによつて家族の生活上の欲求がいかに満たされ得るかの度合いによってきまるのであるということを強調しているのであって、その趣旨をつきつめると結局、所得主義になると解せられるのである。[18]

また、エーレボーは、「経営有機体説」を唱え、農業経営体は、作付けや畜産など、さまざまな要素が互いに関係性をもって有機的につながっている、と主張していた。橋本は、エーレボーの「欲望」論やチャヤーノフの「怠惰」論を参考にしながら、市場から農業をできるかぎり切り離す方策を考えつつも、それでも農民が主体的に振る舞える有機的農業経営体の理論化、実現化を考えていた。その学的営みが満洲移民に結実するのだが、そのまえに、もうひとりだけ、橋本の理論構築にあたって外すことのできない重要な農学者を取りあげておこう。

クルチモウスキー——『農学原論』

それは、一九四五年までのドイツ、四五年以降はポーランドにあるブレスラウ大学で農業経済学を教えていたリヒャルト・クルチモウスキーである。橋本は、一九一九年にクルチモウスキーが執筆した『農学の哲学 *Philosophie der Landwirtschaftslehre*』[19]を、『農学原論』というタイトルで一九三二年に訳出した。戦後、一九五四年に改訂版を出版している。[20]

この書物は、従来ほとんど注目されてこなかったが、橋本の変節をまた違った視点から明らかにする本である。そればかりではなく、そもそも農学が経済学とは異なり、計算不可能なものをどう取り込むのか、という課題が突きつけられる学問であることにクルチモウスキーは自覚的であり、ゆえにバラバラだった農学を再編成しようとした試みは、いまなお検討に値する。序論で、クルチモウスキーはこう本書の企図について説明している。「哲学は原理の学問であり、以下においてわれわれが農学の原理的基礎について述べようとするのであるから、これはまさに農学の哲学にほかならないのである」[21]。

しかも、一見奇異にみえるが、クルチモウスキーは、農学各部門の統合の要にゲーテの思想を置く。それゆえに彼は、『農学の哲学』のなかでゲーテに何度も立ち返っている。「ゲーテの論著二三を知るものは、ただちに歴史的観察方法がかれにおいて如何に重きをなしているか、そしてそれが今日、多くの自然科学者や農学者が歴史をまったく閑却しているものと、如何にいちぢるしい対照をなしているかを知るであろう」[22]。クルチモウスキーは文学的想像力が農学にとってとても重要であると論じていることは、いまなお農学部で文学が論じられることが極めて少ない現状からして、傾聴に値する主張と言えよう。

さて、橋本の「変節」はこの『農学の哲学』改訂版の訳書のなかでどうあらわれるのか。たとえば、三三ページに及ぶ長い「あとがき」のなかで橋本は、ナチ時代にクルチモウスキーが「私経済学」を守ろうとして排斥されるなかで、強圧に屈しなかった「硬骨漢」として彼を讃え、学問が不自由になったこと、戦争に利用されたことを批判している。

わが国においても、先般の戦争においては、その勃発前から、戦力の増強に役立つ研究の外は一切ストップし、また技術系諸学科の学生・生徒のみは軍隊への召集をゆうよしたりして、もつて応用研究を促進したのであつた。精神科学系の諸学者中にも、何とかこぢつけて、わが学もまたかくの如くすれば、戦力増強に役立つものであるとして、一役買わんとしたものも多数あつたほどであつた。農学関係においても、事態に変りはなかつた。[23]

あるいは、「わが国においてはそれ〔ナチス〕ほどのことはなかつたが、戦時中、滅私奉公のあらしの中において、私経済学の研究と教授をするものは、やはり精神的圧迫を相当感じさせられたことは、今日なお記憶にのこつているところである」とさえ述べている。[24]

農学が戦争を支えた事実について、自分は関わっていないかのように語っているが、この語り口は注目に値する。満洲移民は関東軍の膨大な軍事力がなければありえなかったことが捨象されていることはもちろん、ナチス・ドイツと日独防共協定を結び、ともにアジア・太平洋戦争を戦った事実に、自分は参与していないかのような口ぶりだ。まさに他人事なのである。しかし、日中戦争の最中、一九三九年五月の『農業と経済』で、橋本はこのようなことを述べていたのだった。

ヒットラー総統は、農村は実にドイツ国民の純愛なる血液と活力の源泉である、と云つたが、わが日本に於(おい)ても事理正に相同じ。然(しか)るに近頃の如く、わが農村から青年の優良分子を挙げて、都市方面に拉し去られ、残れるは多く性能・体格の劣悪者か、帯病帰村せる敗残者とあつては、労働力の足・不足どころの問題ではない。[25]

二歳下のヒトラーが語る人種主義的農本主義。当然この「血液 Blut」とは、兵士の源泉でもあり、これに橋本が賛同を示していたことはやはり忘れてはならない。さらにいえば、文部省の外局に置かれた「教学刷新」を目的とする組織で、国家の思想統制を担った教学局が一九三八年一二月に主催した「日本文化研究講習会自然科学第三回講習」で、「東亜の開発と皇国精神」という講演を橋本は行なっている。「ご承知の通り吾〻(われわれ)は今長期建設の時代に処して居りまするので、第一線に出て居りまする者たると、銃後に在る者たるとを問はず、それ〲の立場に於(お)いて出来るだけのことを致しまして、お国にご奉公をしなければならないのであります[26]」と始まるこの講演で、橋本のプロジェクトが「軍隊」の「戦力」なしにはありえなかったことをみずからこう述べている。

〔匪賊は〕初めの間はよく〔満洲国建国当初の開拓団に〕襲撃をして来たのでありますけれども、日本移民を攻撃しますと、移民団そのものが武力を持つて居るので非常な反撃をするのみならず、日本の守備隊或は満軍等が徹底的に之を討伐するので、もう懲り〲(こりごり)して居るのであります[27]。

ただこれらの発言を断罪するだけでは、あまり意味がないだろう。もし彼が、自分が戦争へ貢献したこうした過去ともっと厳しく向き合っていれば、クルチモウスキーに対する論じ方も、もっと厚みのあるものになっていたかもしれないからだ。

つまり、重要なのは、このような橋本の変節ばかりではない。実は、『農学の哲学』は農業をエコロジカルに問い直すものであり、とてもユニークな本であった。一九五四年の橋本の訳で読んでみよう。

農業と人間との関係を共棲と見ることによつて、一体如何なることが認識されるか、ということが問題となる。おもうに、かような観察のしかたによつて、吾々は人間の生活経済を他の生物の生活経済と関連し、または並存するものとして、見るのである。吾人はすでに、これを称して共棲という。すなわち農業と人間との関係は、決して人間世界にのみ特有な現象ではなくして、他の生物界の共棲において、その完全な類型を見るのである。[28]

ここでの共棲は、ドイツ語でSymbiose、つまり生態学用語の「共生」である。一九三二年版の訳では「共生」と訳しているが、なぜ、戦後に「共棲」と変更したのかは明らかではない。いずれにしても、クルチモウスキーの『農学の哲学』には、多数の生態学の論文が引用されている。いまならば有機農業の原理と呼んでもなんらさしつかえないこの叙述を、橋本傳左衛門が訳していることの意味は小さくない。なぜならば、主流である資本主義的農業に対するアンチテーゼを、橋本は一貫して理想として抱いていただけでなく、こうしたクルチモウスキーの世界観を、戦後、自身の農本主義をソ連農業の賛美者に対決させるために利用したからである。[29]

この国の耕やし得るかぎりの土地は、傾斜地と云わず、湿地と云わず、大体ほとんどあますところなく拓かれて、ともかくも独立自主の経営が成り立つているのであるが、いまこの多数農家の独立性をうばつて、恐らく、村一経営という程度のコルホーズ式大経営の労務者に化することを、はたして当の農家自身が納得するであろうか[30]。

そのため、大型機械の導入にも懐疑的で、「近年わが国において見る農機具の発明改良の盛んになったことは、小農組織とタイアップした日本式機械化の進む象徴」だと述べ、小型機械の導入こそが日本の小農経営にふさわしいと論じている。あるいは、戦後のアメリカ式農業の導入に対しても以下のような厳しい視線を向ける。

今次の終戦後における占領軍治下の諸制度の変革は、まさに革命的であった。なかには、旧弊を打破する上において、好ましい結果をもたらしたものもないではないが、又一方には、わが国情を無視して、無謀な米国式の模倣を押しつけられ、そのゆきすぎの弊抜き難きに国民が迷わくしているものもまた少くない。たとえば、わが農業事情を無視した家族制度の廃止、六三制教育制度、ことに職業教育は不必要なりとして、農業教育を専門とする中等教育をほとんど廃止せることなど、いずれも立地条件を無視した措置というべく、その弊は長くわが農業界にわざわいするであろう。

ただに社会の変革・動揺期といわず、平静な時代においても、ただかんたんな理くつを盾とし、立地条件に対する周到な検討を欠いたまま、新奇の提案をして得意がる学者ないし技術者や、安易な考でこれを実行せんとする為政者が少くない[31]。

橋本傳左衛門は、農場を有機体ととらえるクルチモウスキーの言葉を借りながら、工場よりも自然条件に強く影響される農地の特徴に着目し、安易な改革を批判するだけでなく、戦前の家族制度の温存とそれに基づいた小農主義の発展を訴えている。夫、妻、祖父母、子どもといったさまざまな労働力を季節と構成人数に応じて自由に用いる家族労作経営を日本農業の中核に据え、世界を覆う資本主義の暴威に立ち向かう（あるいはかわす）という考えは、彼の師であり、「工本主義」、そしてそれに対抗する概念としての「農本主義」の発案者である横井時敬からずっと日本の農業経済学の重要な部分を占めてきたが[32]、橋本も、敗戦後もずっとその立場を変えなかった。『農学の哲学』の改訂版を出版した背景にも、強固な家族主義がある。

ただし、自然環境に応じて農業も柔軟に変えるべきだというクルチモウスキーを一旦経由した橋本の見解は、橋本が満洲移民の正当性を語るときには著しく薄れていた。一九三五年四月の『農業と経済』では、次のように述べていた。

大和民族の農業移民によつて、レベルの甚だ低い在来土着の満人農家が指導啓発を受け、由て以て満洲農業の振興が大いに促進される。之は又頗る重要なことである。〔略〕恐らく大和民族は、世界の何れの方面に進出せしめても、その地の気候風土に馴化した暁に於て、最も優れた農業者となり得る素質を持つているのである。それが満洲へ行つて農業を営むとすれば、数年ならずして自ら成功するのみならず、四周の土着農民に幾多の模範と刺激とを与え、彼等の覚醒、進歩を

促さずんば止まない。(33)

「大和民族」はいずれの地域でも気候風土に慣れ、「レベルの低い」現地農民を指導する立場になる――戦後はコルホーズ式集団農業とアメリカ式個人農業を、クルチモウスキーの農場有機体論を援用しつつ、どちらの農業の支持者もそれらがどこでも通用すると思い込んでいるとして批判することになるが、戦前戦中は橋本にとって「大和民族」こそがどんな自然条件でも通用する農業の担い手だったのである。戦前戦中の橋本は、戦後の橋本にとって論理的には批判されるべき対象にほかならなかった。問うべきは、橋本に反省がみられないことだけではない。この理論の首尾一貫性のなさである。クルチモウスキーの議論に繰り返しあらわれる自然環境の農業経営に対する規定性は、農本主義、もっといえば、小農主義でも欠かせぬもののはずだが、橋本は、帝国日本の膨張局面では大和民族にのみ、その規定性を外してしまう。ここが橋本の論理に内在する限界点というべきであろう。

結節点としての『農業経営学』

以上、チャヤーノフ、エーレボー、そしてクルチモウスキーという三人の外国の農学者たちを橋本がどう受容したのか、そのプロセスによりながら、橋本の農学、とりわけ農業経済学について考えてみた。

戦前戦中の橋本の農学には、クルチモウスキーの翻訳やその解説にあったように、資本主義になじみにくい農家経済の身体性、あるいは、生態的なものが繰り返し立ち現れる傾向がある。これは、橋本の特徴というよりは、資本主義経済に違和感を感じつつ学問の形成を試みる知識人に共通する土台であり、時代の空気ともいえるかもしれない。しかし、戦後になると、この橋本の農学の中心が非常に薄れてしまう。変節というのは、単に、満洲移民に関わった過去を抹消することだけでなく、過去にあった可能性もまた抹殺することを意味するのである。

戦後、一九五二年に出版された橋本の主著『農業経営学』も、その典型的な事例にほかならない。満洲移民の時代の血気盛んな論文と比べると、文体も抑揚が少なく冷静な科学的「専門書」というイメージがある。ただ、注意深く読んでみると、満洲移民時代の考え方が決して弱まってはいないことに気づく。以下、これまでほとんど検討されてこなかった『農業経営学』を、以下、四点に絞って掘り下げてみたい。

第一に、農業経営を家族で営む強靭さの評価である。『農業経営学』は、資本主義でも共産主義でもない、日本独自の農業経営のあり方を探る試みである。その独自の経営こそが、もちろん、家族労作経営にほかならない。家族労作経営について橋本はつぎのように説明している(34)——。

労働の提供者と利用者が一体である家族労作経営は、それらが分離している「資本主義的経営」および「共産主義的共同経営(コルホーズ)」とは根本的に異なる。コルホーズは資本主義的経営のような対立をもたらすものだという評価もあるが、それは違う。「コルホーズを動かすものは強制力であり、天降つてくる方針によつて、組合事業はすべて運営され、したがつて農民は、指令された仕事を少なくとも割当てられた量だけ、なしとげることを義務づけられているにすぎない」。かたや資本主義的経営は、労働力をすべて雇用でまかない、肥料や飼料もすべて買い入れ、代価は現金で支払う。

しかし、家族労作経営は、「労力を自給するばかりでなく、肥料や飼料の相当部分も自給し、また、自作農であれば土地も自給要素」なので、農家の外に現金を支払う部分の割合は少ない。さらに、「自然的災害」や「景気の変動」のときも、自己の労働報酬の見積額を下げて「逆境」に耐えることで、切り抜けることができる。「強靭性」が強く、弾力性を高度に有しているのである。しかも、「各農家はそれぞれ工夫をこらし、個性を活かし、趣味を満足させる。換言すれば、経営の自主的活動そのものの中に生活を営み、人生を展開して行くことができる」。このように築きあげられた農家の「経済的主体性の上に、真の民主主義は最もよく発達するのである」。

すでに述べたとおり、橋本の「家族経営」の特徴を重視する志向、つまり、家族を重視する志向はずっと彼の農業経済学の中心にあった。ただ、この「家族」は、かつては民主主義的な家族ではなかった。既述のとおり、橋本は、『農学原論』のあとがきで、戦後に民法が改正されたことを批判していた。つまり、家の民主化ではなく、家父長制の温存を橋本は強く支持していたのである。『農業経営学』で論じられる「家」も、たしかに資本主義になじみにくく、また、自家労力を自由に用いられるので、作物価格の乱高下に対し比較的柔軟に対応できる。けれども、家は、権威主義の温存装置であり、また、資本主義の矛盾のしわ寄せを回収する装置でもあり、日本民族の血筋を強調する装置でもあったことが、いとも簡単に「真の民主主義」の土台にすり替わっている。橋本傳左衛門の農学が「家の農学」である以上、満洲移民の文脈では、大和民族の優秀性を強調することになるし、訓練によって潜在的な力を掘り起こすという精神主義に向かいやすい。敗戦後、こうした農学を反省せずにそのまま民主主義を擁護する装置に移行したことは、あまりにも露骨な隠蔽だと言わざるをえない。

第二に着目しておかなくてはならないのは農業経営が「私経済」に偏ることへの批判である。『農業経営学』でも、「国家のため」に農業を営むことが推奨されていた。

経営はただひたぶるにその直接的目標、すなわち、私経済的利益追求のみに浮身をやつすことなく、都合のつく限り国家・社会の要請にこたえ、たとえば、食糧増産につとめてなるべく多く社会的に貢献するということは、よいことであり、また望ましいことである。そこで、運営の総合計画を樹立するにあたつても、その一つの方針として、この点を加えるを可とするのである[35]。

戦前戦中と比べると、いささかトーンは弱いが、個人主義ではなく、私経済でもなく、「国家」のために尽くすような農業を求めるかつての橋本の姿勢を、わずかに嗅ぎとることができる文章である。杉野忠夫の場合は戦前と戦後のつながりをまさにこの一点、つまり国家のために土に向かう若者たちの尊さを強調するが、橋本の場合は、そこまで強い主張ではなく、輪郭がぼやけていることは補足しておきたい。

第三に、橋本の農業経済学に欠かせない特徴が「勤勉」である。『農業経営学』では、自然のなかの農業という文脈で、やや唐突に二宮尊徳が登場する。

自然環境条件はこのように複雑多様であつて、それらはあるいは単独に、あるいは互いに相関連して、経営組織の成立に様々の影響を与えるのである。自然は無心にして、その運行は機械的である。しかし、これを受入れる人は意識をもち、目的をもつて行動する。すなわち、人の受入れ方次第で、自然条件の作用する効果は異なつてくる。二宮尊徳の歌に

声もなく香もなく常に天地は
　書かさる経を繰り返しつつ
あまつ日の恵み積みをく無尽蔵
　鍬(くわ)てほり出せかまて刈りとれ

自然環境の観察・認知と、その活用とは、経営組織合理化の要件である。(36)

「天地」の運行を虚心坦懐に探り、その無尽蔵の恵みを人間の肉体を通して耕し、刈り取れというこの二宮尊徳のメッセージは、もちろん、鋤を用いた深掘り、すなわち「天地返し」という加藤完治の農法を推奨していた橋本にとっては、近しいものである。満洲移民運動や分村移民運動のシンボルであり、杉野の転向に大きな役割を果たした二宮尊徳が、敗戦後もかたちをかえて、もっといえば毒を抜かれたかたちで『農業経営学』に蘇っているのである。

しかも、重要なのは、クルチモッスキーの『農学の哲学』の地下水脈を流れていた「共棲」、つまり、生態学的な世界観が「二宮尊徳」によって体現されていることだ。このつながりを説明することができるならば、戦前戦中の橋本の学問の総括にもなりえた箇所である。けれども、興味深いことに、結論は自然の「観察」と「経営組織合理化」の重要性を指摘するだけで、トーンが弱くなり、発展なく次の話題に移ってしまう。過去から目を背けることと、過去に内包していた重要な論点を捨てるこ

とは表裏一体なのである。

第四に、戦後の橋本の研究のなかでは珍しいが、満洲移民に関わった自分を振り返っていることである。橋本が『農業経営学』を執筆していた頃は、ちょうど、革新の農学者たちがコルホーズや機械化、あるいはミチューリン農法などソ連型の農業を喧伝し、そのブームがひと段落していた頃だった。橋本はこうした流行を、実地を知らない「無邪気」な学説として一蹴する。ただ、興味深いのは、家族労作経営に対してコルホーズの共同経営を「独裁的の専制政治」をもたらすものとして強く批判する文脈で、満洲移民の話が唐突に現れるのである。

かつて満洲開拓事業の実施されるにあたり、その研究と指導の任にあたつた著者は、他の関係者とともに、開拓入植者の営農形態をいかにすべきかにつき鋭意討究を重ね、ついに、少なくとも初期五ヵ年を期して共同経営によらしめる基準を作成したのであつた。しかし、それは精々五ヵ年であつた。けだし、それ以上共同経営を継続することは、入植農民の心理から見ても到底不可能であることを、その久しい以前から朝鮮に送つた開拓民の営農における経験によつて了知していたからである。(37)

「われらの理想はもと、やはり完全な共同経営、少なくとも部落を単位とする共同経営、進んで共同経営経済をも打ち立てることにあつたのである(38)」と橋本が論じているように、開拓だけは例外であった。さきほど述べたように、「匪賊」に襲われたり、予期せぬ気象変動が起こったり、伝染病が発生したり、不安定要素が多いゆえに、橋本もまたコルホーズ的な(とは彼は言わないが)共同経営を「開拓」の現場に導入すべきだと思っていた時期があったことを告白している。

『農業経営学』のなかで唯一「満洲」が登場するこの一節は、橋本傳左衛門がこれまで辿ってきた研究者としての、そして、実践家としての道筋を想起させる。マルクス主義者であった杉野忠夫を農村に一年間住まわせることで農本主義者に転向する環境を整えたこと、チャヤーノフ、エーレボー、クルチモウスキーの農学理論を学び、資本主義のなかでも生き抜くことができる強靭な経営体の論理を作ってきたこと、そのもとに満洲での指導的民族として「大和民族」を設定したこと、戦後のソ連農業ブームを徹底的に批判したこと。橋本の共産主義への批判と同等の批判は、論理的にいえば、自分がかつて抱いた共同経営への「理想」にも向かってしかるべきだろう。しかし、この一節で、橋本は「満洲開拓事業」の「研究」と「開拓」に携わった自分の責任を完璧に回避し、自己正当化に陥っているにすぎない。

もしも橋本が、開拓団の五カ年に限った「共同経営」の経営目標と経営実態を歴史的手法で再検討し、その経営が現地農民の雇用なしには成り立たなかったことを見つめ、これまでの自分の農業経済学の限界を認め、それらすべてをコルホーズの批判(批判の論点自体は決して間違っていたわけではない)に活かしていたら、現在の農業経済学はもう少し歴史的厚みのあるものになっていたかもしれない。しかしそのためには、橋本は自分が満洲であたった「任」のあまりにも悲惨な帰結を直視するという困難な作業が、どうしても必要だったのである。

家族と勤勉と共棲の農学

客観的かつ論理的に橋本の仕事を追っていくかぎり、彼は、家族と勤勉と共棲の農学の形成に関与した。しかも、それは、マルクス主義を一つのアンチテーゼに設定しながら、それとは異なるかたちで、資本主義の乗り越えを誘発するとも読み取れる。農業経済学という学問もまた、経済学にあてはまりにくい自然現象や身体現象を取り込んだ学問であるがゆえに、このような期待をかけたくなるような学問であった。そうしたプロジェクトのなかに、資本主義の矛盾の吐き出し口となった満洲での農業の実験もまた、ぴったりと当てはまる。橋本傳左衛門は、その中心部分に客観的には立っていたのである。

けれども、橋本の農学と農本主義は、このような自己の立つ場所に無自覚であったし、大和民族の優秀性を説き、他民族の「レベルの低さ」や「怠惰」を強調し、戦前戦中は、大和民族が満洲国での指導的役割を果たすべく理論武装を試み、敗戦後は、そうした過去を自己の学問上からもみ消すことに腐心した。

橋本傳左衛門の学の営みは、学問がなしえた罪の最も大きなもののひとつであるとともに、学者の驚くべき不誠実さの一例であり、しかも、その不誠実さゆえに学問が後退していった一例でもあるといえよう。

ただし、橋本の「回避」は、単に橋本ひとりに帰すべきではない。戦後の農学もまたその回避への欲望から自由ではなかった。およそ、農学に携わる者で、資本主義経済のなかになじみにくい農業の特質を感じ取り、「共同」という概念に一度でも可能性を感じた者は、わたしも含めて、橋本のはまった落とし穴に再び落ちないという保証はどこにもないからである。この一点においてのみ、橋本傳左衛門の学問は検討に値するとわたしは思う。

第四章　「食糧戦争」の虚像（フィクション）と実像（リアル）

――満洲報国農場の系譜と戦後処理

小塩海平

「食糧戦争」と農業報国連盟

藤原辰史が『カブラの冬』[1]で論じているように、第一次世界大戦の経験から各国は食糧の確保が戦争の勝敗を左右することに気づき始め、日本でも第一次世界大戦期のドイツの飢饉の原因について述べたヴァルター・ハーンの『食糧戦争』（一九三九年）が、出版の翌年という速さで邦訳・紹介された。一九四三年に出版された山野光雄著『食糧戦物語』は一九四〇年七月の石黒忠篤農林大臣就任から説き起こしている。石黒は「長期の戦争となりますと、武力と武力の争ひといふやうなことは一部分である。〔略〕今日の国としての存立の上から言へば、国家の総力を尽くしてお互ひが力比べをする、かういふことになつて来てゐるのでありまして、その大きな部分は食糧問題に懸かつてゐる」と述べ[2]、日本での食糧戦争に備え、「農業増産報国推進隊」（一九四〇年）、「農業増産報国推進隊嚮導（きょうどう）隊」（一九四一年）、「食糧増産隊（少年農兵隊）」（一九四三年）などを全国規模で創設し、これらの一部を満洲報国農場に派遣した。いずれも軍隊と同様、大隊・中隊・小隊・別働隊などからなる隊組織を採っており、茨城県内原の満蒙開拓青少年義勇軍訓練所で行われた中央訓練は、軍隊さながらの極めて過酷なもので、毎回数名の死者を出すほどであった。

満洲報国農場の主たる経営主体であった「農業報国連盟」とそれを改称した「農業報国会」は、これらの隊組織を統轄して「食糧戦争」を遂行するための参謀本部であったといえるであろう。農業報国連盟は農林省の外郭団体でありながらも、経費は全額国庫補助で農林省から交付され、議決機関はなく、構成員は大部分農林省官吏が兼務し、事務所も農林省庁舎内にあったという[3]。

各都道府県にも同じように農業報国連盟支部が置かれ、その経費はやはり農林省から連盟本部を通じて全額補助され、知事が支部長、農林部長が副支部長、経済更生主管課長が幹事を務め、事務所は同課内におき、支部の事務事案はすべて経済更生主任官及びその部下県職員が行っていた。当時は、官選知事による中央集権が機能しており、都道府県の経済更生主任官は農林省が人事権を持ち、地方農林技師または地方農林主事から任命し、各県に配置していた。そのため、農林省の技師兼連盟幹事が経済更生主任官兼連盟支部員に対し指示すれば、打てば響くが如くただちに行われ、地方での事業が中央の思うがままに統率的・効果的に行われたという。

最初、私には前記のような農業報国連盟の存在意義がよく分からなかった。だが、農林省と農業報国連盟の共催で行われた後述する農業増産報国推進隊中央訓練でなされた石黒の演説に接した時、思い当たることがあった。石黒は「〔北支〕事変始まつてから四年半の歳月の間に、内閣の迭ること〔更迭されること〕が何回になつて居るか、内閣の迭ること七回、国民は中央政府内閣が誰であつても宜しいが、長く確かりやつて貰ひたいといふことを切望せざる者はない[4]」と述べており、行政機構が変わっても一からやり直さなくてすむ一貫した仕組みが必要であると考え、自分の息の掛かった農林省官吏たちを農業報国連盟に兼務させ、自ら理事長に就任したのである。つまり、政治が変わっても、「食糧戦争」をやりぬくための農林省のダミー組織を作り、自ら統帥権を握ったのではなかろうか。

石黒による「食糧戦争」推進の駆動力となったのは、参謀本部としての農業報国連盟、実動部隊としての農業増産報国推進隊、農業増産報国推進隊嚮導隊、食糧増産隊（少年農兵隊）であり、これらの隊組織を訓練するための施設として、中央訓練が行われた内原の満蒙開拓青少年義勇軍訓練所、および地方訓練が行われた各府県の修練道場がフル稼働していた。これらの訓練施設は当初は満洲への農業移民を推進するために考案されたのだが、やがて行き詰まりが生じ、そこに登場したのが満洲報国農場という国策であった。満洲報国農場の場長には修錬農場長が横滑りしたケースが多く、幹部クラスには農業増産報国推進隊や同嚮導隊の訓練を受けた者が充当され、隊員には食糧増産隊（少年農兵隊）の子供たちが多数派遣されたのである。

農業増産報国推進隊の過酷な中央訓練

石黒は、食糧事情や肥料事情などについて直接農民と対話しながら「食糧戦争」を支える国民精神総動員運動を展開していくための新たな方針を打ち立て、一万五〇〇〇人の農民を内原の満蒙開拓青少年義勇軍訓練所に集め、第一回農業増産報国推進隊中央訓練を行った。一万五〇〇〇人という人数の招集をかけた根拠は、全国の主要農村七五〇〇町村から平均二名という計算であった[5]。この農業増産報国推進隊第一回中央訓練に参加したのは、二五歳から四五歳の男子で、西垣喜代次によれば「心身健全にして約一ケ月の集団訓練に耐へ得る者、禁酒をなし節度ある生活に服し得る等の諸条件を具備した者であつて、地方長官の推薦を得たるもの」であった。[6] なお、訓練は以下のように行われた。[7]

（イ）行事――朝夕ノ礼拝、日本体操（やまとばたらき）、駈足等
（ロ）武道――直心影流法定ノ型、柔剣道等
（ハ）訓話及講話
（ニ）教練――各個教練、部隊訓練、行軍等
（ホ）研究座談会
（ヘ）体験発表

訓話や講話の講師としては、内閣総理大臣を筆頭に、陸海軍当局、外務大臣、農林大臣などが担当した。農林大臣石黒忠篤の訓話と加藤完治による連続講話は『皇国農民の道』として纏められている。[8] これらの講話は、晴天の場合は全員を本部前広場に集結して行い、雨天夜間は二百数十棟に上る全宿舎に設置された拡声器を通して聴講させた。[9] このような中央訓練は一九四〇年の第一回から一九四四年の第五回まで毎年行われたが、第五回は内原に集合することができず、地域別に短期訓練として実施された。また一九四三年に行われた第四回の中央訓練では、その年に閣議決定された「第二次食糧増産対策要綱」に従い、暗渠排水事業約四〇万町歩、小用排水事業受益面積約六〇万町歩を完遂することを目的に、内原における合同訓練を二〇日に短縮し、残りの一〇日は中隊ごとに地元の都道府県

内の土地改良に従事した。千葉県の例では、風呂や炊事に給水するために村の警防団が毎日午前三時から出動し、炊事要員の女性たちに至っては、毎日午前二時に出動したと報告されている。[10]

なお、第一回の訓練では「隊員の衛生については格段の注意を払ひ、内原訓練所病院に於て検診、診療に当つたが、三名の死亡者を出した。主催者から弔慰金、葬祭料を贈り、全隊員からも香奠(こうじん)が贈られ、全隊員参列鄭重な告別式を行ひ、遺骨は帰村後公葬とせられた」[11]、第二回の訓練では「後期訓練に於て病死一名を出だした」[12]、第三回の訓練では「本訓練期間中は、二回の小雨の外は晴天で、隊員の健康状態も良好であつたが、死亡者二名を出した」[13]、第四回の訓練では「内原訓練期間中の受診患者は、延べ二二六七名、一日平均受診一一四名で、概して健康は良好であつたが、内二名の病死者があつた」[14]とあり、これらの訓練がいかに常軌を逸した狂気の沙汰であったのかが窺われる。

中央訓練に参加できない中堅農民および選に漏れた過剰人員に対しては、中央訓練に即応する形で、地方訓練が行われた。二週間ほど、道府県の修錬農場などにおいて行われたのだが、中央訓練と違った特徴としては、隊員の倍加運動として位置づけられ、「同志青壮年の量的増加を図る」と共に、当該府県の中堅農家との結合が目指された。[15] 一部女子も含み、地方訓練修了員数は一〇万三六〇〇名に達している。[16]

農業増産報国推進隊嚮導隊の結成

農業増産報国推進隊第一回中央訓練が終了した時、関係者の間に推進隊の中核隊を設けるべしとの議論が起こり、こうして翌年(一九四一年)結成されたのが農業増産報国推進隊嚮導隊である。[17] 要するに、農業増産報国推進隊が本隊とすると、嚮導隊は遊撃隊あるいは機動隊であり、推進隊員から選ばれた者が、長期間隊生活を通して訓練を行いつつ全国各地に出動した[18]。嚮導隊は北は北海道の帯広から南は鹿児島に至る大部分の道府県に機動し、開墾・水田造成・排水路の掘削改修・暗渠排水・溜池築堤・麦播等、多岐にわたる移動作業を行った。「太閤の一夜城」のようないきおいを想像されたい[19]。この嚮導隊の外地班が、東寧報国農場に派遣されることになったのである。

少年農兵たちが担った痛ましい食糧増産隊

加藤完治は一九四四年の論文「農兵隊と農民魂」で「大東亜戦争勃発以来、次第にあらゆる方面に人が要るやうになつて、農業方面にはその中心的人物が段々と欠けて来まして、今日に於ては、私共の眼から見ても、どうしてもこれからは日本の食糧問題を解決するに必要なる労力を担つて立つ人々は農村の女子と国民学校の高等科の生徒及青年学校の生徒といふやうな若い人々であります。かういふ子供の労力を活して日本の食糧問題を解決する、さうして日本の国民全体の必要な食糧を確保する以外には途がないと思ふのであります」と述べている[20]。太平洋戦争が進むにつれて農家戸数が漸減するとともに、農村の壮年や青少年が次々と軍需産業に転移し、農村は老人と婦人と子供を残すのみというような状態であった。このようななかで年端もいかない少年たちが食糧増産隊として動員されることになったのである。彼らはその後、少年農兵隊とも呼ばれるようになった。

一九四三年には各府県から数十名ずつ隊を編成して全国四〇〇〇名の食糧増産隊ができあがり、それぞれ県内における土地改良や農耕作業に出動した[21]。さらに一九四四年四月には新たに全国三万人の甲種食糧増産隊が編成された。この甲種食糧増産隊については主としてその年の国民学校卒業生が対象となったのだが、「昭和十九年〔一九四四年〕四月編成の甲種増産隊募集の際は所謂売れ残りの少年を掻き集める観を呈し、員数を揃へるにも優秀なる者を揃へるにも手遅れを感じた」ため、翌「昭和二十年度〔一九四五年〕の編成は右の如く二月より編成し、未だ在学中ではあつたが、別に決定を見た「国民学校高等科児童ノ農業ニ対スル通年動員ノ取扱要綱」に拠つて入隊させ、学校及家庭を離れて隊生活をなさしめた」という。(22) 一方で、各市町村が編成する「常備軍」として乙種食糧増産隊が結成され、一九四四年には全国で一〇〇万人が参加している。初年度は一七歳から二五歳までの農村青壮年によって隊編成が行われたが、一九四四年度以降は、一四歳から一九歳までの男子へと募集年齢が引き下げられた。

しかし、実際に集まった子供たちは、規律の行き届いた「常備軍」というには程遠いものであった。次の文章を読むと、滑稽というよりもあまりにも哀れな少年たちの姿が彷彿として浮かんでくる。太平洋戦争の末期に各県が設けた満洲報国農場に送られたのは、兵役年齢に達していない、このような食糧増産隊(少年農兵隊)の子供たちが多かったのである。

> 少年農兵隊が一つの部隊である限りにおいて、贅沢でない農兵隊の心理にぴたりと合ふやうな服装、持ち物を一通り揃へ、隊伍を整へるといふやうな施設資材は、現在の情勢では十分に行き渡らない。従つて現状では移動訓練する場合など各隊員の持ち物は、兵隊さんのやうに背嚢(はいのう)と、銃の代りに鍬(くわ)、靴の代りに地下足袋で、隊伍堂々と行くといふやうな訳に行かないので、現状の

ま丶で行くとすれば、バスケットを持つもの、雑嚢を下げるもの、風呂敷を背負つたり、ハイカラなのはスーツケースで、ゲートルを巻かぬもの、地下足袋は皆履いてゐるが服装は揃つてゐない、まるで重慶の敗亡兵が逃げ廻つてゐるやうな恰好になると農兵隊に対する希望と憧れを有つて集まつた少年が自己の姿を見て何だかしよんぼりしよげ返るといふ所があります。(23)

最初期の満洲報国農場隊の実像

満洲報国農場隊は、当初、満洲建設勤労奉仕隊の一環として派遣されていた。受け入れ側のトップであった満洲国開拓総局長の五十子巻三(いらこけんぞう)は、終戦の前年、満洲建設勤労奉仕隊の概要を以下のように説明している。(24)

満洲建設勤労奉仕隊が、はじまつて今年で丁度五年目であるが、今年も日本内地から約八千人のいろ〱の奉仕隊員が、長いのは十ケ月、短いもので一ケ月と言ふ様に、それぞれ開拓地に来て奉仕をして頂いてゐるのである。

この八千人の奉仕隊の中には一般開拓団の中に入つて、お米作りに協力してゐる米穀増産隊と称するものもあり、又開拓団の最も人手の要る六七月の頃の除草期或は収穫期に内地の母村の方々が、応援作業に来るのもあるし、又義勇隊訓練所に自分達の送り出した教へ子に教学奉仕に来られる国民学校の先生方もあり、これは『教学奉仕隊』といふ。又、大学や専門学校等の医科、獣医、鉱工科等の学徒に依つて編成せられる特技隊と言ふのもある。又、将来農村の中堅層をなす農学校生徒のために特別に設けられた農場に奉仕する千数百名の農業学校隊もあるのである。又、昨年から内地の各府県を単位として開拓地に新らしく報国農場と言ふのが作られたが、そこで四月の初めから収穫まで働き、来年の準備のため冬越し部隊を一部残して帰つて行く報国農場隊と言ふのもある。

五十子が述べている種々の満洲建設勤労奉仕隊は、文部省、拓務省、農林省の三省がそれぞれ分掌していたのだが、白取道博は、満洲建設勤労奉仕隊の錯雑とした成立経緯を説明するにあたって、以下の陸軍の資料を紹介している[25]。

〔満洲建設勤労奉仕隊の〕刷新強化ヲ企図シ十四年八月以来折衝ヲ重ネタルモ拓務省ハ開拓政策ノ促進ヲ最大目的タラシメ文部省ノ関与ヲ排ケントトシ農林省ハ食料飼料ノ増産ヲ主要目的トナシテ名称モ飼料生産隊トスル別案ヲ提出シテ数千名ヲ独占セントトシ文部省ハ訓練第一主義ヲ以テ依然本事業唯一ノ主務庁タランコトヲ主張シ遂ニ政治問題ト化シテ対満事務局ハ一旦之ヲ放棄シタルモ軍ニ於テ最後ノ努力ヲ払ヒ一四年十一月ニ至リ漸ク陸、文、拓、農間ノ「満州建設勤労奉仕隊ニ関スル基本了解事項」ヲ妥結シ之ニ対満事務局ノ名ヲモ連ネ事務官会議ヲ再開セリ

当初、満洲建設勤労奉仕隊の派遣では、文部省と拓務省が先行しており、農林省としては忸怩たる思いがあったのではないかと想像されるが、やがて農林省主管の満洲報国農場隊が他の勤労奉仕隊を

席巻するようになっていった[26]。農林省要員局員であった粟根主夫の回想によると「満州開拓の仕事は、拓務省(後の大東亜省)の所管すべきものであって、何も農林省が積極的に乗り出すことはない、くらいのことは、役人生活を少しでも経験した者には、すぐわかることでありますが、わが平川守氏は、それをあえて強行した。それというのは、移住する者は日本農民であり、農民のことは農林省が所管しており、農民心理を一番把握しているのも農林省であってみれば、満州開拓村造りを、ただ漠然として見ているわけには行かない。故に我々は万難を排して、満州開拓に関与する必要があるというにあったようであった。私達も平川案を大いに支持し、時としてはむしろ先き走ったかも知れない」とのことである[27]。

ここに登場した平川守は農林省の経営課長を経て要員局総務課長を務めた人物で、農業増産報国推進隊や同郷導隊、食糧増産隊(少年農兵隊)、満洲報国農場隊などの募集、派遣、訓練を行う責任者であった。粟根の証言からは、文部省や拓務省の取り組みを継承あるいは統合するような形で報国農場が生まれたのではなく、農林省が他省庁を出し抜くような形で報国農場を成功させたという満足感がうかがわれる。極言すれば、満洲報国農場隊は、農林省幹部の意地と思いつきによって生み出された制度だといってもよいであろう。そしてこのような先走りが、大きな悲劇を招来することになったわけである。終戦の年、拓務省と文部省が他の満洲建設勤労奉仕隊の派遣を見送っていたことを考えると、農林省の責任は大きいといわざるを得ないであろう。

農林省(農商省)が他省庁と良好な協力関係になかったことは、戦後処理を曖昧にした要因にもなっている。粟根が戦後所属することになった農林省開拓局は満洲報国農場隊に関する援護救恤(きゅうじゅつ)の総括事務を担当したのだが、多くの未帰還の隊員がいまだ消息不明であったにも拘わらず、一九五一年の告示をもって一切の善後処置を外務省に丸投げしてしまったのである。

国内における報国農場化運動

農業報国連盟は、朝鮮大旱魃のあった一九三九年、「国の礎まもる農業報国展」をスローガンとして掲げた一大イベントを開催した。「欧洲大戦と食糧問題」という展示では、以下のようなキャプションが付されている。

この前のヨーロッパ大戦でドイツが敗けた大きな原因の一つは、食糧の供給が極端に不足したからだといはれてゐる。しかし食糧不足はドイツだけでなく、イギリスもフランスも、戦争に参加した国はことごとく食糧の不足になやみつゞけた。

そのために各国ではまづ不足食糧の消費節約をはかり、農業の振興をそれに併行させた。ドイツでは馬鈴薯の皮はかならずにてむくやうにして、むだづかひを極力ふせいだ。フランスでもイギリスでもおなじやうに、肉なしデーをきめたり、ぜいたくな菓子の製造を禁止して、必需食糧のほうへまはすことにした。 方で、不足食糧品の増産にも大わらわで、都市も戦線の兵士も、婦人も子供も協力一致して、 坪のあき地にでも作物を栽培した。

日本は食糧の供給に心配はないと安心してゐてはいけない。戦争目的達成のために銃後国民の義務として、つとめて日常の食物のむだをはぶくべきである。国民は誰でもヨーロッパ諸国の国民以上の緊張と覚悟で、戦時の食糧問題をかんがへやう。[28]

「報国農場」という施策や名称は、満洲でのみ用いられていたのではなかった。全国の空き地を利用して報国農場化する運動が、このような食糧節約・増産キャンペーンと連動するように展開されたのである。

飼料難克服のため若人部隊を大動員し、空地を開発して「報国農場化運動」を展開することになり、二日農林、内務、文部三省の連名次官通牒を全国に発した。計画に依ると学生生徒及び青年団員の集団勤労に依つて都会といはず農村といはず全国に散在する空地を急速に開発して飼料生産を行はうとするもので、農林省から全国三千町歩に限り多少の差等はあるが反当り卅六円程度の事業費助成金と道府県の事務費に事業費の一割程度の補助金を交付する。開発すべき空地は急速を必要とする関係から手続き容易な国有地、府県有地、公有地等を先づ利用しその他河川敷、学校敷地、工場建設予定地なども可及的に利用する。耕作物の種類は玉蜀黍、稗、大豆、大麦、燕麦、粟、馬鈴薯、牧草等適地適作物を選び、玉蜀黍、稗は農業報国連盟から無料配給する。[29]

例えば千葉県の旧富勢村報国農場は一九三九年五月に利根川沿いの遊水池八〇町歩を開墾し、食糧と飼料の増産を図りつつ勤労奉仕による心身鍛練を通して農民思想を再教育する錬成道場として建設された。[30] 開墾作業を行ったのは、満蒙開拓青少年義勇軍の子供たち三〇〇名である。さらに農業増産報国推進隊第一回中央訓練隊員延べ七五〇〇人が勤労奉仕に当たっている。加藤完治は自ら先遣隊三〇〇名を率いて来場し、準備を整えた[31]。

また、北海道の『標茶町史』には「昭和十八年五月、農林省は道庁に対し、不作付地・荒廃地を解消するため本道の数か所に報国農場を設置すべきことを指示した。これを受けて道庁では六月一日全道に七千町歩の報国農場の設置を決定し、ただちにその開設に着手した」ことが書かれている[32]。標茶村に動員されたのは、秋田県立西目農業学校の教官一名と生徒三五名、愛知県立田口農林学校の教官一名と生徒三五名、長野県立木曽山林学校の教官一名と生徒四五名であった。

満洲報国農場は、先に見たように満洲建設勤労奉仕隊の一環として展開されたのだが、それはこのような国内における報国農場化運動とも連動していたのである。

一九四二年に最初に派遣された東寧報国農場隊については農業増産報国推進隊嚮導隊の外地班六〇〇名が軍の要請によって派遣されたものであった。また成吉思汗（じんぎすかん）報国農場隊については米穀統制下で廃業させられた東京米穀商組合連合会の米屋一二〇名が中央食糧営団として派遣されたものである。隊長の寺島宣之は満洲報国農場隊の役割を農業増産報国推進隊、同嚮導隊を進化させた「突撃隊」に喩えており、「東の東寧、西の成吉思汗」という勇ましい文章を残している[33]。その他、三カ所の満洲拓植公社（満拓）の特設農場に秋田県、山形県、岐阜県から隊員が派遣されているが、これは従来、主として拓務省と文部省が派遣してきた満洲建設勤労奉仕隊に農林省から派遣した形をとっていた。初年度はこのように五つの農場に合計で一〇二九名が派遣され、四月から一〇月までの約七カ月間作業を行い、一部の越冬隊を残して帰国した。

本格化した満洲報国農場

一九四三年には「在満洲報国農場設置要綱」(昭和一八年八月六日附農政局長通牒)が出され、前年の五つの農場に、さらに一〇県、一三農場を加え、合わせて二二三七名の隊員が派遣された。

一九四四年には東京農大の報国農場を含む五〇農場に、合計六一四六名(男四五三六名、女一六一〇名)が派遣されている。この年、文部省は特設農場隊一五〇〇名、大東亜省は開拓増産促進隊一〇〇〇名の派遣を計画していたが、いずれも実現せずに中止となった。このことについて、石原治良は以下のように述べている。

満洲建設勤労奉仕隊は、当初は農林省の干与が少なかつたが、次第に農林省(農商省)関係に重点が移行してしまひ、更に米穀増産班から漸次報国農場に重点が変つて行つたのであつた。そしてこの性格、内容の変遷のため内地では満洲建設勤労奉仕隊といふ名称も一般には殆ど志〔ママ〕れられ勝となり、在満報国農場一色となつてしまつた。[34]

終戦の年、満洲報国農場はいよいよ盛んになり、七〇近い農場に合わせて四五九一名(男二六四九名、女一九四二名)の隊員が派遣されたが、悲惨な結末を迎えただけでなく、史実からも消し去られているような憂うべき現状にあることについては、補章で詳しく論じた通りである。

石黒忠篤の敗戦認識と戦後に引き継がれた「食糧戦争」

石黒忠篤は、敗戦時の農商大臣であったが、入閣にあたって鈴木貫太郎首相に「この内閣は、戦争をやめるための内閣でしょう」と問い、「私を農商大臣になさる理由は、軍が戦争に負けて引き下がるというのじゃなくて、日本が食糧のために、戦争を止めざるをえないのだという、戦争の責任を食糧の責任にもっていこうということでしょう。それならば農商大臣を引き受けてもよろしい。それでなければ、私が農商大臣になる必要はありません」〔傍点引用者〕と述べたといわれている[35]。石黒が「軍が戦争に負けて引き下がるというのじゃなくて、日本が食糧のために、戦争を止めざるをえないのだという」幕引きをしようとしていたことは注目に値する。つまり彼は、「食糧戦争」では負けていないという自負を持っていたのである。むしろ、「食糧戦争」の完遂を妨げたのが、軍事的な敗北であるというのが彼の認識である。そして「食糧戦争」には負けていないという自負があったからこそ、敗戦の責任を担うというポーズを取ることができたのだし、裏を返せば、自ら指揮した「食糧戦争」の実際の責任については、敗戦の認識を持たないがゆえに、決して担おうとはしなかった。

私は、太平洋戦争当時の農政者や農学者たちは、おしなべて「食糧戦争」における自らの敗北を認めていないと断言できる。本書で折に触れて取り上げた人物たち、石黒忠篤にせよ、加藤完治にせよ、その他、橋本傳左衛門、那須皓、佐藤寛次、杉野忠夫、いずれも、戦時中の自らの責任を自覚することなく、ほぼ戦前と戦後が連続した認識のままに、その後も要職を務めたという特徴を指摘できる。

東京農業大学の場合も、専門部拓殖科(旧拓)の廃止と農業拓殖学科(新拓)開設の間には一〇年近い断絶が存在するものの、杉野忠夫という結節点を通して見る時、植民地経営から海外移住、あるいは国際協力へと重心を移しながらも、ふさわしい自己改革を伴わずに他民族を裨益(ひえき)しようとする姿勢など、いまだに満洲移民の面影を引き摺っているのではないかと思われることが少なくない。

このような農学者や農政者における敗戦意識の欠如は、軍の関係者とはかなり異なった様相を呈している。武力戦争の場合、一応、八月一五日で勝敗が決し、敗戦が確定した。もちろん、満洲を含め、アジアの各地で、敗戦後にも戦闘が続いたケースは少なくない。しかし、食糧事情に関しては、植民地を失った戦後の方がむしろ悪化した面もあり、「食糧戦争」は敗戦後も続いた。事実、日本国内では、食糧増産隊は開拓増産隊に、修錬農場は経営伝習農場に、報国農場は開拓基地農場と名称を変更して存続したし、隊組織による食糧増産という原理に至っては、そっくりそのまま戦後に引き継がれていったのである。いまだ満洲の報国農場隊員たちが生死を賭けた難民生活を送っていた一九四五年から四六年にかけて、石原治良は敗戦をものともせずに以下のような活動を行っていた。

農林省は、終戦後の重大な事態に対処するため、昭和二〇年一一月九日「緊急開拓事業実施要領」を閣議決定し、一六五万haの開墾干拓、一〇〇万戸の入植を急速に完遂する大方針と計画を打ち出した。

これに応じ、治良の従来担当していた食糧増産隊を、昭和二一年度から「開拓増産隊」と改称し、編成運用の全般を変更して実施することとなり、二一年一月二五日開拓局長より地方長官宛て「昭和二一年度開拓増産隊実施要綱」を通達した。〔略〕

その趣旨は、右の閣議決定実施要領に基く開墾干拓及び入植を完成するため、之が推進力として農家二三男、復員者・戦災者等の中、開拓興国の熱誠に燃ゆる青壮年を結集して隊を編成し、開墾干拓、大規模土地改良等に挺身せしめ、併せてその実践を通じて、開拓農民たるに必須の精神技術を体得せしめ、隊期間（一カ年）満了後開拓地に入植、新農村の建設に当らしめ、以て開拓国策の完遂・食糧増産の達成に寄与し、日本再建の基盤を確立せんとするにあった[36]。

石原はその後も「産業開発青年隊」（一九五一年）や「農村建設青年隊」（一九五二年）の政策立案やその実施に関わっていくのであるが、自著『農事訓練と隊組織による食糧増産』の冒頭で、その不変ぶりを以下のように述べている。

> 抑々（そもそも）農の道、百姓の践み行ふべき道は、平時も戦時も変ることなきもので、「産みなさぬものなしといふあらがねの土はこの世の母にぞありける」といふその母なる大地に農民はしっかりと取組み、天地生成化育の力に参賛して、ひたすら動植物の命をはぐくみ育て、之を以て自己を養ふと共に広く世の人々を養ふものであつて、農民は土に深く根を下ろし、土を離れることなく、土を愛し、農を重んじ、農に生き、農を護り、農を興すを以て農民の本領とする。古来農は国の本といはれるが、その国の本たる農の真義に徹して農の天職に精進し、逞ましい農業農村を確立して農家自身の安定向上を図ると同時に、農を以て国家民生を安んじその興隆に貢献するは農民の使命である。それはまことに平時に於ても、戦時に於ても一貫して変ることなきものであり、

変ってはならぬものである。[37]〔傍点引用者〕

なお、石黒忠篤の「食糧戦争」で重要な役回りを演じた国民高等学校は日本農業実践学園に、満蒙開拓青少年義勇軍訓練所は鯉淵学園農業栄養専門学校に、八ヶ岳中央修錬農場は八ヶ岳中央農業実践大学校に名称が変更され、今の時代に至っている。つまり、満洲報国農場を含む、食糧戦争の全体像は、未だに総括されていないばかりか、形を変えて存続しているのではないだろうか。満洲報国農場という国策が、太平洋戦争末期におけるアジア全域の食糧政策の中で果たした役割とその余波について、今後の専門的な研究を俟つことにしたい。

補章　満洲報国農場とは何だったのか
――限られた資料から空白をたどる

小塩海平

▼焼棄された書類

終戦時、満洲には東京農業大学の湖北農場を含めて七〇近くの報国農場が存在し、四六〇〇名程の隊員が派遣されていた。そのほとんどは一三歳から一八歳程度の少年たちや二〇歳になるかならないかの少女たちであった。農場長を含む大人たちが根こそぎ召集されていくなかで、まだあどけない少年たちと女子隊員だけが取り残されたケースも少なくない。そして「報国」というスローガンの下に駆り出されたこれらの多くの若人たちが、異国の地に遺棄されたのである。だが、謝罪や補償をなすべき責任主体が明らかになっていないだけでなく、このような歴史的事実があったことすら閑却されている。あまりにも組織的かつ意図的な隠蔽工作が行われていたことを知らなければなるまい。

秋田県鶴山報国農場長（のちに鶴山秋田開拓団長）だった畠山義太郎氏は『鶴山開拓記録史』において、「秋田県農林部農政課では、昭和二十年九月に報国農場及び開拓団の書類を焼却しており、当時県で対策された内容や、真相を知りたく、要望したが、全く、永久不明となっていた。現地であの苦難に身を置いた私たちに対し、明らかに証明されるべき書類も、記録も全く消失されており、秋田県の責任は十分にあった事を私は真に確認した。終戦後約四十年間のオ月この時の不誠実さに怒りを消滅できずにいる」と心中を吐露している。[1] 畠山氏はさらに「県の焼却措置は中央政府の命令に依ると関係者から承っている」と付言している。

琿春にあった滋賀県報国農場長であった辻清氏も同様の証言をしている。「戦後、連合軍の統治下におかれた日本は（滋賀県においても）占領政策を慮ばかってか、満洲開拓政策一切の公文書を焼棄した。また、県農業会も農業協同組合連合会に替ってから二度の火災によって、報国農場を含む重要書類を焼失してしまった。こうして報国農場の設立者たる滋賀県及び滋賀県農業会は農場関係者一切の公文書を喪ってしまった。そうして結局は私をはじめ隊員たちの記憶の中にのみしか報国農場は存在しなくなってしまったのである」[2]。

奈良県十津川報国農場の場合、生還者たちは、一九九二年二月から四回に亘って柿本善也県知事に要望書を提出し、「元満州国興安総省扎蘭屯（じゃらんとん）十津川開拓団の一部落に奈良県の指令のもと創設されていた、奈良県報国農場の存在していた事を確認して頂きたい」と切実に訴えている。[3] 『奈良県満洲開拓史』によると「終戦五十年を経た現在も、死亡者遺族と十津川村は、県当局と送出責任の所在を交渉しているが、結論が出ないので、拓魂碑合祀も出来ないでいる」とのことである。[4]

本書は東京農大の報国農場に焦点を当てて論じることを主たる目的としているが、東京農大の報国農場が産みだされた背景を知るために、その他の在満報国農場についてもこれまでに調査した結果を補章として記しておきたい。限られた資料をもとに概観したものであるが、何人かの生き証人からの情報も含まれており、報国農場に関する資料が極めて少ない現状にあって、現段階で調べ得たことを紹介することは、少なくない意味があるものと信じている。

まず最初に報国農場を代表するいくつかの比較的名の知られた農場について述べ、次に満洲の各省ごとの報国農場について、自費出版された記録集などに依拠して記述する。これまでの章とは位置づけが異なるが、併せて各報国農場の記録を残すことで、今後の研究に寄与することができれば幸いである。

▼東寧報国農場
——農業報国連盟直轄にして満洲報国農場の大本山

一九四二年三月、農業増産報国推進隊第二回嚮導隊では、内地班の外に外地班が編成された。初年度は二〇〇名だった嚮導隊は五〇〇名に増員され、三〇〇名を内地班、二〇〇名を外地班となし、外地班を、同年五月に創設された満洲国牡丹江省**東寧県農業報国連盟特設農場**（通称、**東寧報国農場**）に派遣することが決定された(5)。

ところがこの計画に対して満洲国の官民、さらには現地駐屯軍より熱烈な要望があり、嚮導隊の派遣を二〇〇名から六〇〇名に増加することとなった。この嚮導隊外地班の名称は「農業増産報国推進隊東寧報国農場隊」（略称、東寧報国農場隊）と決まり、八ヶ岳中央修錬農場長の西村富三郎が満を持して隊長となった。石黒忠篤はこのときの派遣について、次のように説明している。

> 諸君の父兄は皇国農民として、只今六百人の諸君がソ満国境の他の方面——即ち東の方のウラジオストックと興凱湖との間の、諸君の記憶に残つて居るかも知れない、日本とソ連と激戦のあつた張鼓峰の近くの東寧に、二龍山と同じやうな特設農場を本年の五月から設けまして、六百人の皇国農民の諸君が進んでそこへ行つて居られる。決して、開拓団としてそこに落ち着くのではないが、軍の要求によつて、眼前のソ連のトーチカを眺めながら、川の此方で水田開き、畑の排作〔ママ〕をして、来るべき秋の収穫までやらうといふので只今やつて居るのであります(6)。

ここでは報国農場ではなく、いまだ特設農場と呼ばれているが、いずれにせよ満洲報国農場の嚆矢となった東寧報国農場隊は、軍の要請によって派遣されたのである。

また石黒が、一九三八年七月二九日から八月一一日まで日ソ間で激戦のあった張鼓峰事件を意識していたことは注目に値する。同時期に行われた座談会

「満ソ国境はどうなつてゐるか」(『実業之日本』一九三八年一〇月号)で軍事評論家の武藤貞一が主張しているように「(又張鼓峰事件のようなことが)起ると思ふ。国境の紛争は過去の六箇年間を通じて六百回以上ある。だから決して止むべきものではないと思ふ」というのが当時の常識であり、次の戦場が東寧になることは十分に予想されていたことであった[7]。

東寧報国農場の経理部に勤めていた斉藤一男氏は「東寧報国農場には、将来、ソ領沿海州に七千万石の食糧生産基地が建設される場合、水田開発部隊の幹部技術者となるべき人材を養成訓練する任務がある云々……と聞いた記憶がある」と回想しており[8]、農場設立の前年七月に関東軍特種演習(関特演)が行われていたことも考え併せると、独ソ戦が有利に展開していた当時、機に乗じてソ連国境から北侵するための開拓基地を作ろうとしていた軍部の意図が垣間見られる。

なお、東寧報国農場で経理部長を務め、戦後農事振興会を経て農林省開拓局に奉職された平田弘氏は、(一)農場が東寧街東方約八キロ〜一一キロの軍要塞地帯内に設置されたこと、(二)水田は、軍の指示により、国境沿いに帯状に開設され、幹線水路は敵戦車の進入障害となるよう設計された戦車濠として築城的なものであったこと、(三)農場生産農産物は、現地軍に供出したこと、(四)農場隊員の保健、医療は総て軍医によって管理されたこと、(五)農耕馬は、軍より無償貸与され軍獣医により管理されたこと、(六)有事に備えて、軍より農場隊に武器が貸与されていたこと、などを挙げ、この農場が極めて軍事的色彩の濃いものであったことを指摘している[9]。

初年度の一九四二年は、厳しい訓練を受けた農業増産推進嚮導隊六〇九名が勇ましく送り出されたが、二年目の一九四三年および三年目の一九四四年にかけては女子隊員一一六名が派遣され、さらに終戦時には新京第一中学校の生徒一二八名が東寧報国農場に滞在していた。終戦の年に送り込まれた食糧増産隊(少年農兵隊)は一四、一五歳の少年達であった。

数年前には、ソ満国境を守る関東軍は一〇〇万人以上と言われており、農場ではソ連軍の戦車に対する肉弾攻撃の訓練が行われたりしていたものの、よもや本当にソ連軍との激甚なる戦闘に巻き込まれることになろうとは、年若い隊員たちの誰一人想像できなかったにちがいない。結局、関東軍の国境守備隊は次々と南方戦線に出動し、東寧報国農場隊は囮としての役割を担わされた形になった。

ソ連軍が侵攻してきた一九四五年八月九日、午前一〇時頃、五十子(いらこ)巻三(けんぞう)東満総省長（前満洲開拓総局長）から「学徒隊は、東寧県長と連絡し、速やかに汽車により後送せよ。農場隊は国境守備隊と連絡し、適宜の処置をとれ」との命令があり、同時に国境守備隊長からは「当方からは攻撃すべからずとの関東軍指令あり。農場隊は、全員国境守備隊に来援せよ」との命令が下され、報国農場隊は軍務に就くことになった。

八月一一日の七時頃、玉砕覚悟で配置につけという命令のもと、岡島場長が「兵隊は退却の途中すでに重量の重い兵器、弾薬を放棄しており、この戦力で戦車と戦うことは無意味である」「農場隊は負傷者があり、これを見捨てることはできない」と後退を主張し、激論が交わされるなか、突然、ソ連軍からの射撃が始まった。ソ連軍の戦車は次第に接近し、戦車砲、自動機関銃等の弾が雨霰のごとく降りかかる。農場本部及び本隊八一名（除く岡島、松本）は、必死で退避し、休息、朝食をとるが、一息ついた矢先、「言語に絶する生き地獄以外の表現はできない」挟み撃ちの攻撃に遭うことになった。[10] 軍は現場に釘付けになっていた農場隊を放置したまま撤退し、結局、東寧報国農場隊員一二〇名のうち五〇名以上が命を落とすことになった。

このときの戦闘について、防衛大学の中山隆志教授が「かねての計画に従い、軍に協力して第七八五大隊の弾薬、糧秣を自動車に満載して続行していた東寧報国農場隊（岡島熙明以下約九〇名）はこの攻撃で支離滅裂となり、二十数名の戦死、不明を出した。第一中隊から肉迫攻撃班を出したが成果上がらず、第二中隊を除く各隊は混乱状態に陥り多数の行動群に分かれて、第二中隊は損害なくまとまって大城廠へ転進、主力は一四日同地に到着旅団長の指揮に入った[11]」（傍点は後述の谷口氏）と書いていることに触れておきたい。谷口信氏は、この短い文に示される由々しい点は、傍点部分が語る「ことの真相」であると、著書で怒りを露わにしている[12]。戦後すでに四十数年も経った時点で、当時の詳しい事情を知らないはずの著者が、なぜ輜重輸卒(陸軍で軍需品の運搬に従事した兵卒)や農場隊員が「吹き流し標的」のように使われたニュアンスを承知しているように書いたのか。また、実際には一〇台の馬車で最後尾をのろのろ進んでいたのが自動車に変身し、農場隊の人員や被害者数が過小に記述され、ありもしなかった肉迫攻撃の挿話を入れたりしたのか。その一方、犠牲に遭った農場隊員たちが一四歳から一八歳の少年だったことなど、たったの一言も書かれていない。谷口氏は、針小棒大な記述はもとより、年端もいかない報国農場隊員や新京一中の生徒たちが、すでに関東軍が防衛を放棄していた東寧国境へ意図的に囮として動員され、修羅場に投げ込まれた事実を、いとも軽々しく脚色していることが許しがたいのである。

この補章の記述は、今もお元気な平田弘氏のご教示によるところが大きい[13]。以下、平田氏から入手した「農林省」罫紙に手書きされた資料を、「平田資料」と呼ぶ。

▼中央食糧営団による成吉思汗報国農場および秋田、山形、岐阜県による報国農場

満洲拓植公社(満拓)は、浜江省肇東県に宋農場、浜江省安達県に薩爾図農場、北安省嫩江県[14]に鶴山農場、北安省通北県に白家農場、東安省宝清県に宝清農場、興安東省布特哈旗に成吉思汗農場を特設農場として開設し、満洲における水田稲作やアルカリ土壌における農業の研究を行っていた。また、八ヶ岳中央修錬農場を運営する農村更生協会も、現地分場という位置づけで北安省北安県に二龍山特設農場を持っていた。

拓務省と文部省は、これらの農場にさまざまな形で満洲建設勤労奉仕隊を派遣してきたのであるが[15]、一九四二年、農林省は、東寧報国農場と併行して、これらのうちの四つの特設農場に報国農場隊を派遣することにしたのである。

一九四一年春には、中央食糧営団が勤労奉仕隊と

して第一班の水田班五〇名を二龍山特設農場へ、第二班の畑作班一三三名を鉄驪開拓農場へ派遣し、翌四二年には、第二次隊一二〇名を**成吉思汗報国農場**へ送ることになった。中央食糧営団とは、米穀が国家の統制下におかれることになったため、廃業に追い込まれた東京米穀商組合連合会傘下の米穀商、いわゆる米屋によって作られた官民一体の特殊法人である。

五十子巻三は、成吉思汗報国農場が極めて悪条件であったことを報告している。

満洲でもずいぶん北の方にある水田と言へる。今迄寒くて水田には適しないと言はれたこの地方に立派に水田を造成して立派な成績を上げてをる。

こゝも本部の宿舎から現場までずいぶん遠い。隊員は朝早くから出かけるのであるが、途中湿地があるので、腰までつかつて越さなければならぬ、水田に着いた時分には既に濡れ鼠の有様である。こゝは雷の名所で、もの凄い雷が鳴る。ピカゴロゴロ、水面すれ〳〵に来てあばれ廻るのだが、ピカツと来るとみんな大急ぎで鍬をすてゝ、鎌を置いて身を伏せるのである。

平野の中で小屋一つないから、雨が来ればそのまゝ雨の中に立ち往生である。[16]

一九四三年に刊行された山野光雄の『食糧戦物語』は、成吉思汗報国農場に派遣された米屋の隊員たちによる農場便りをいくつか紹介している。

自慢のやうですが、満洲に来る勤労奉仕隊は一人当り五段といふのは多い方で、最初興安東省の役人も我々米屋隊員を水田だけ一人当三段歩と見てゐたらしいのです。何しろ我々は〔米屋なので〕力仕事こそしておれ農作には殆ど素人ですからね、しかし隊員の努力は百町歩の水田の畦作りを十日間で終り、畑作卅五町歩や野菜園の蒔付も忽ち完了して仕舞つたのは、満洲に勤労奉仕隊が初まつて四年、約十万の奉仕隊が訪れたが、こんな例はない――と当局も驚いてゐるといふ事です。これは隊長が昨日新京から御帰りになつての土産話です。東寧に来た農業増産報国推進隊の嚮導隊も六百名で水田面積は二百四十町歩ぢゃありませんか、しかも向ふは玄人です。今我々の合言葉は「東に東寧、西に成吉思汗」ですが、まあ双璧といふやうな気持でハリ切つてゐるわけですよ。(17)

平田資料中にある「昭和二十七年四月　在満洲報国農場隊員善後処理概要」によると、成吉思汗報国農場には一九四三年は一三五名、一九四四年は四一〇名(男二六〇名、女一五〇名)、一九四五年には五九名(男四九名、女一〇名)が派遣されたことになっている。『嗚呼　満州東京報国農場』の著者である朝倉康雅氏は、成吉思汗報国農場隊員は終戦後、二三名が長春市に避難し、二名が死亡したことを記載している。(18)

他方、秋田県、山形県、岐阜県では、県と農業報国連盟支部とが実施主体となり、それぞれ満拓の鶴山農場、宝清農場、白家農場に、一〇〇名ずつ派遣する計画を立案した。

秋田県の場合は本章の冒頭に引いた『鶴山開拓記録史』に経緯が詳しく報告されている。満拓が設立した鶴山農場は**秋田県鶴山報国農場**となり、さらに鶴山秋田開拓団に合併する。報国農場から開拓団に移行した唯一のケースである。『秋田魁新報』には時々関連記事が掲載されていた。(19) 終戦前、隊員の現地応召が続き、秋田県からの音信や送金が途絶えたため、報国農場隊員を開拓団員として取り扱う急場しのぎの策を取り、翌日より満拓から米、味噌、防寒具などの必需品の支給を得ることができたことなどが書かれている。このエピソードから、満洲報国農場隊は開拓団よりもかなり格下に扱われていたことが理解できよう。

畠山農場長(鶴山秋田開拓団長)は一九四五年五月、会議を開いて団員の意向を聞き、もとからの開拓団員と農場長は農場に残り、報国農場隊は秋田県へ帰国させることを決定している。その後、送金依頼の打電を嫩江、チチハル、ハルビン、新京の郵便局から試みたが秋田県からは一切応答がなかったため、最後の手段として農場そのものを売却する計画を立て、黒河省東洋拓殖株式会社と交渉したが、代金授受には至らなかった。この年は、近年稀にみる豊作であっただけに、終戦後、多数の団員が栄養失調で倒れたことは、より一層悲哀を深めることになった。帰国までの間に病死した隊員数は二八名であった[20]。

山形県の宝清報国農場には、平田資料によると一九四三年には一五〇名、一九四四年には男女ともに三三名の計六六名、一九四五年は男二九名、女二〇名の計五九名が派遣されていた。一方、『山形県史本編 四 拓殖編』[21]によると、終戦当時は、女子青年一四名、男子青年一二名、本部職員四名が在場していたことになっている。ソ連侵攻後の八月一〇日、陸軍守備隊約一〇〇名とともに全員が徒歩で勃利に向かい、途中「匪賊」の襲撃やソ連軍戦車隊の攻撃を受けながら夜行軍を続け、林口でソ連軍による武装解除を受けた後、旧関東軍官舎に収用された。その後、海林収容所、拉古収容所と移転後、ハルビンから新京(長春)に向かったが、「無蓋車のために寒気甚だしく、しかも停車が多くて遅々として進まず、停車中に満人暴民に襲われて所持品から衣類まで強奪され、女子隊員は衆人環視の前で陵辱暴行をうけた者もあった。そのうえ衣類を略奪され、ズロース一枚の裸となり、ようやく麻袋を拾ってこれをまとい、惨憺たる姿で長春駅に下車した」と記されている。長春では、日本人居留民会の援護で衣類の配給と一人当たり三〇円を支給され、全員に対して二万円の救援金を受け、旧八島国民学校に収容された。「その後敷島区富士町開拓館に移り愛知県報国農場奉仕隊員と同宿したが男子は豆腐売りや賃金労働に従事、女子は満人家庭に女中奉公に住み込むなどしてかろうじて越冬し、翌二十一年七月帰還命令があって帰国した。現地死亡者一四名、八名は残留した」とのことである。

岐阜県の白家報国農場に関しては岐阜県開拓自興会による『岐阜県満洲開拓史』に詳細な記録が残されている[22]。白家農場は、一九四〇年に満拓の特設農場として創設され、岐阜、愛知、静岡の東海三県から選出された成年男子による勤労奉仕隊をもって編成されたが、翌年から岐阜県に移管された。しかし、一九四五年は、北満一帯が例年にない大雨となり、洪水の被害が多く、作物によっては途中で腐って収穫皆無になるような状況であった。六月頃より兵籍にあるものは殆ど召集により出征していった。農場は、田中農場長以下三名程の幹部職員と、一五歳～一七歳の少年隊員および女子隊員のみとなり、七月に入って新京より現地中学校の生徒六〇名が勤労奉仕に参加し、軍馬の乾草作り作業を始めたが、雨のため作業ははかどらなかったという。終戦時における在籍者は九八名であったが、六六名の死亡者と一名の行方不明者を出し、日本に生還したのは三一名で、その内二名は帰国後間もなく亡くなっている。死亡率が七〇%にも上ったのは、奉天鉄西収容所における病死者が多かったためである。

▼興安東省にあった報国農場

成吉思汗報国農場（中央食糧営団）・青森県関家三戸報国農場・千葉県麒麟報国農場・奈良県十津川報国農場

興安東省は、そもそも「ノモンハン事件と共に国防兵站省として登場した」[23]経緯があり、ソ連軍侵攻による被害は甚大であった。

青森県関家三戸報国農場隊員は開拓団と逃避行を共にしており、三六名中一〇名が亡くなっている。終戦から帰還までの概要は『関家三戸郷開拓誌』所収の「荒野の道」という藤村三次郎氏の記録に詳述されている。逃避行の一部を以下に引用してみよう。

「数拾年ぶりだと云う降雨の野営をおびやかす土匪の群れ、明ればまた銃弾の雨、苦難と恐怖の連続にひとおもいに殺してくれと泣き叫ぶ女達を叱りつけ、最后の時には一発で四人づゝ痛くなく殺してやるからそれまで騒ぐな、軍歌でもいゝ唄えば少しは気持がまぎれるからと云つても無理の様だつた。〔略〕それからの半月はこれまで以上の苦しみだつた。らっ致されるもの、みんなの眼前での暴行、地獄絵をみる様な日が昼夜の別なく続く。こんな時ソ連通訳から日本の敗戦などについてくわしく聞く」[24]。最終的には奉天まで南下したが、寒さと飢えと伝染病で多くの者が亡くなった。

成吉思汗にあった**千葉県麒麟報国農場**については、『赤い夕陽に』という記録がある。[25]終戦の年に派遣されたのは一四、一五歳の少年たち(甲種食糧増産隊・少年農兵隊)六一名と、県下の女子青年学校から応募させられた一七〜二二歳の女子勤労奉仕隊二四名に、幹部と職員を併せた九三名であった。農場は加茂郷開拓団に併設されていたが、開拓団の広大な土地は手が回らず荒れ地のままの畑も多かった。一行は、一九四五年四月一三日、東京大空襲の余燼冷めやらぬ東京駅を出発し、一週間かけて成吉思汗の千葉県麒麟報国農場に到着した。ソ連参戦後、農場隊員は農兵隊二班と女子勤労奉仕隊二班に分かれ、奉天、新京、チチハル、ハルビンで越冬することになったが、チチハルで八名、ハルビンで三名が病死しており、戦死者五人を合わせ一六名が亡くなっている。

奈良県十津川報国農場に関しては、玉置泰臣氏による『遙かなる過去を尋ねて――「満州に棄てられた民」十津川開拓団と奈良県十津川報国農場』に詳細な記録が残されている。[26]隊員八三名中、生還者は三七名、犠牲者四四名、行方不明者二名で、とくにハルビンの収容所に収容された隊員二五名のうち生還者は、わずか四名であった。ハルビンにおける発疹チフスが七三一部隊によって放置された細菌によっている可能性にも言及されている。

十津川報国農場の記録は極めて詳細で、報国農場全体の状況を把握する上で有用である。以下、さらに紹介したい。

募集：隊員募集は男女青年学校二年生(一六歳)と同年に卒業した女子(一七歳)を対象に行われ、募集方法は強制的であった。親たちが「うちの子供は病弱だから」と申し出ると、学校長が「医師の診断書を持ってこい」と言う。親たちは片道十数キロを歩いて村役場に行って「年端も行かない娘達を遠い満州へ行かさないでくれ」と陳情したが、「国のためだ」と叱責され、一日がかりの山道をトボトボと帰った。その後、再度学校長に頼み込んだが「農場隊に参加しなければ、卒業証書を渡さない」と言われ、悲愴な思いを堪えて我が娘を送り出したという。その反面、学校関係者や有力者の子女は医師の診断書をとり、または学校長に頼むなどして参加名簿から除外されたという。

ソ連兵による婦女暴行：それまでもソ連兵が収容所内に入り込み、貴金属や和服の略奪が始まっていたが、八月下旬、それが婦女暴行へと変質していった。特に農場女子隊員の宿舎が標的になり、被害が続出した。若い女性は急遽丸坊主になり、男装して男性と混じって生活するために宿舎換えを九月二日に行ったが、その後も被害は続いた。

この当時の一六、一七歳の少女たちは、食料も乏しい窮乏時代に生まれ、栄養不良状態で発育も悪く、体格も貧弱で、「可愛い少女」という言葉が似合っていた。この農場女子隊員四十数人の中で、初潮を迎えたものは僅か一〇%くらいだったという。陰部に毛が生えている者も僅かだった。このような少女たちの多くが、大柄なソ連兵に容赦なく輪姦される状況が続いた。

ある夜（九月中頃）、私たちの宿舎がソ連兵に急襲された。少女たちは床下や屋根裏に隠れていたはずだったが、少女A子さん（一七才）がソ連兵に捕らえられ、引き出された。彼女は泣きながら、悲痛な声で「玉置さん助けて」と二度ほど叫んだ。彼女は私の小学校当時の下級生だった。その時、私は助けを求められたが、怖くて助けに飛び出す根性がなかった。たとえ飛び出して抵抗してもソ連兵が持っている自動小銃の床尾板で叩きのめされることは明白だった。それ以前、私は「殺される」と脅えたことが二回ほどある。この四・五日前にも私がソ連兵に抵抗した時、廊下の隅に追いつめられ床尾板で叩かれかけたことがあったので、とても助けに飛び出してやることができなかった。

このような性虐待の状況は一〇月中頃まで続き、女性たちは昼夜を問わず床下や屋根裏に潜んで暮らすことを強いられた。

これら極悪の難民生活状況の中で被害にあった彼女たちは、肉体的にも精神的にもダメージは大きく、それが後遺症となって肉体を蝕んだ。また、性病を移された者も多く、特にソ連兵の梅毒は激悪だったといわれ、充分な治療も受けられずに苦しみをそっと友にこぼすのみ。さらに、その後訪れた厳寒のなか彼女たちは、夏服のまま移動を繰り返して、たどり着いた収容所で「飢えと寒さと伝染病」の苛酷な洗礼を受け、幾重もの苦しみにさらされた。これらの少女たちを含め、不運な破目に遭遇した多くの女性たちは、行き着いた収容所で凍死状態で亡くなるという悲運な結末を迎えているのである。

現在でも、私が目をつむれば、あの少年たちや少女たちの悲しい姿が、いつも脳裏に焼き付いたまま離れない(27)。

▼北安省にあった報国農場

秋田県鶴山報国農場・岐阜県白家報国農場・岩手県老永府報国農場・群馬県九道講報国農場／前橋郷報国農場・埼玉県老街基報国農場・新潟県西火犂(しーほーり)報国農場・徳島県双泉鎮報国農場・香川県王栄廟報国農場・愛媛県諾敏河報国農場・長野県旭日／孫船／宝泉／双龍泉報国農場

岩手県と徳島県の報国農場、および香川県の王栄廟報国農場に関しては、これまで当事者による資料や証言などに接する機会が得られなかった。ただ、平田資料によると、**岩手県老永府報国農場**については四四名、**徳島県双泉鎮報国農場**については八六名が戦争死亡傷害保険に加盟していたことが分かっているので、一九四五年になってから少なくとも第一次隊として、これだけの人数が派遣されていたことは確かである。

群馬県の二つの報国農場に関しては、『群馬満蒙拓魂之塔建立三十周年記念誌　希望に満ちた満蒙開拓と終戦』に記録がある。

九道講報国農場については「団員が物資を持って

いることが襲撃の原因との団長の判断に基づき、所有物資一切を付近住民に分け与えたことと、十月十五日以降保安隊の一部が団の警備を行ったことにより、他の団と比べ最小限の被害に止めることが出来たのは、不幸中の幸いであった」との記述があるが[28]、具体的な生還者や死没者などの人数に関する情報は不明である。

前橋郷報国農場については、以下のようなすさまじい記録が残されている。

八月に入るや雨また雨の日は続くばかりで、ついに団の北端を流れるホイル河は氾濫し、高いところに構成した本部を残して全部落は水に浸され、交通は途絶え、秋の稔りを目前に控えての耕作物は全滅となり、配給米の受領も出来ず、その日の糧に困窮する状態になったのであります。

八月九日のソ連の宣戦布告によって召集はその極に達し、十二日には軍籍にある男子全員応召を命ぜられ、団の恐怖はその絶頂に達し、保有米がわずかにあるのみ、これを消費しつくした時には老幼婦女子全員自決の申し合わせのもとに、悲壮な覚悟で男子は入隊し、残された者は死の運命を待つばかりでありました。

何という皮肉か、運命のいたずらか、終戦という知らせが入ったのは十六日。克山へ応召した者は団員自決の一歩手前にあるのを知り、決死隊を作り数名は氾濫したホイル河を泳ぎきって「全員帰る、自決するな」と連絡したのであります。家族の心中いかばかり、欣喜雀躍して喜んだのはつかの間、一夜にして日の丸の威光は地に落ちて、敗戦国民となった我々を虎視眈々として狙っているのは現地人ではありませんか。警戒の目は一時もゆるがせに出来ず、一方脱出か踏みとどまるか議論百出。毎日毎日会議に会議、結論定まらず、現地人の危険はつのる一方だった。

ついに二十二日の真夜中、しのつく雨の中を避難してきた報国農場の一隊。獰猛な現地人共は婦女子の多い報国農場を襲ったのであります。負傷者数名を出し、宮沢農場長は彼らのために血祭りにあげられ悲壮な最期をとげてしまいました。二十四日これまた真夜中、第四部落より炎々と燃え上がる大火災。すべてを予期していたものの長岡部落長は割腹し、中沢・高柳の三世帯家族十二名は今はこれまでと、うず高く積み重ねた燃料に石油を振りかけ、自ら火を放って自決したのであります(29)。

前橋郷の開拓団に関しては、報国農場を含め「未だ帰らざる者六七名、引揚総員一〇八名、死没者二〇一名、合計総員三七六名が終戦当時の在籍団員でありました」と記されている(30)。

埼玉県老街基報国農場については『〃昭和史の鮮烈な断面〃埼玉県引揚者の手記』に「昭和二十年満洲報国農場」という韮塚キワ氏の詳細な手記が残されている(31)。東京駅や品川駅で空襲に遭いながら渡満した時点から、苦労して帰還するまでの詳細な過程が綴られているのだが、残念なことに著者は帰国後しばらくして亡くなられた。この一文には、韮塚キワ氏の母親つね氏による「満洲勤労奉仕隊員の母の手紙」という文章が添えられており、「御存じの通り藤沢からは、多勢の若者が渡満いたしましたが、生きて帰った者、亡くなった者、命だけはあったが、過労と営養不足のため、身体はやせ細り目と口ばかり大きく、見るもあわれな姿で帰ってきました。私の子(娘)もその一人でした。それからというもの、地元の医者をはじめ、高崎や東京や方々の医者にかけて、いろいろ手当のかいもなく、二十四年七月に私の娘も死んでしまいました」と悲痛な嘆きが綴られている(32)。

新潟県西火犂報国農場については高橋健男『新潟県満州開拓史』に詳しい(33)。この農場は、満洲国建国一〇周年を記念して企画され、「昭和一七年度には県農民課主管の満州勤労奉仕班四〇名と拓務関係の勤労奉仕隊四〇名が報国農場新設のために派遣された」という(34)。終戦の年に派遣されたのは男一九名、女四〇名であった。九月二六日夜に「匪賊」の襲撃で一名が胸部貫通で死亡、全員で自決しようとの声も起こったが、その後、全員一緒に報国農場から退去したとのことで、発疹チフスによる死者が三名、その他栄養失調による死者も出たことが報告されている。

愛媛県諸敏河報国農場に関しては『青春の赤い夕陽——元満州愛媛報国農場第二次隊員の手記集』が出版されている[35]。終戦時の在籍隊員は一一九名であり、現地死亡者は二二名であった。出発は一九四五年四月下旬のことで、米軍による今治空襲の真っ最中のことであった。愛媛県報国農場に関して特筆すべきことは、後日、国土庁長官になる西田司が農場長であったことである[36]。手記の中には西田自身の文章も含まれており、報国農場隊員の善後処理について「小沢辰男先生が厚生大臣になられた。小沢大臣とは自民党の同じ田中派のよしみから、事情を話し、何とか方法はないものかと大臣室で細かく事を分けて相談した。私の説明にうなずいた大臣は、担当の局長、課長を呼んで、「これは理屈ではない。何とかやる方法を考えてくれ」と指示をされた。その結果、特別に補償が認められることになった」との報告を寄せている[37]。しかし、補償が認められたという事実について、私は何人もの生還者の方々に訊いてみたが、誰一人として知っている方はいなかった。

長野県の旭日、孫船、宝泉、双龍泉の各報国農場というのは、それぞれの開拓団に派遣された勤労奉仕隊のことを指していると考えられる。いずれも後述の一九四五年七月一八・一九日に行われた全満報国農場長会議に場長の出席がなく、報国農場としての体裁は整っていなかったのかもしれない。

『長野県満州開拓史 各団編』によると第一一次**旭日落合開拓団**には、終戦当時、男子三名、女子一六名の勤労奉仕隊が母村から送られてきていた。この開拓団は団員男子の殆どがソ連兵に拉致され、収容所は婦女子のみとなり、団本部は一本の材木も残さずに現地人に持ち去られたという。「団を出るとき一三六人だった仲間は、団長・指導員・学校長の指揮下で新京まで出てきて、ここで越冬をした。しかし、途中でソ連兵に拉致された者も、ソ連抑留の難をのがれて、新京で合流した。しかし、団長・指導員がつぎつぎと病魔にたおれて、帰国した者は六七人、これに勤奉隊の生存者を加えても八三人にすぎなかった。ソ連に抑留された仲間は、二十二年から二十四年まで二九人が復員帰国したけれども、生きるに忙しい世相の中で再起の道はきびしく、仲間が集まって昔を偲び語ることもなく、いまは誰がどこにいるかその消息もさだかではない。あまりにも悲惨な運命の道をたどった団であった」と記されている[38]。

第一〇次**孫船八ヶ岳郷開拓団**に関しては、『長野県満州開拓史　各団編』には勤労奉仕隊が派遣されていたという記録はないが、平田資料では四〇名の派遣人員中、死亡者五名、未帰還者七名となっている[39]。

第一一次第二**木曽郷宝泉開拓団**には終戦時、三八名の勤労奉仕隊が派遣されていた。『長野県満州開拓史　各団編』の記録は、以下のようなエピソードを紹介している。

勤労奉仕隊三八人のうち三一人までが女子で、その中には帰国を前に行方の分らなくなった者があった。団員の中にいく人も行方の分らない者がいた。青木団長も五月五日長男を亡くしていた。しかし、日本海が米軍の潜水艦や魚雷で渡航も危ぶまれた中を、団のために来援した奉仕隊であった。この人たちの力が在団中の協力にもまして、戦後の避難行にどんなに老幼婦女子を助け励ましてくれたか、それを思うと、病に倒れた者は致し方ないとしても、行方不明者を残したままでは家族にもあわせる顔がない。団長と深沢校長の二人は、奉仕隊の人たちの安否に心を砕いた。引揚げがはじまれば奉天にいる仲間は心配ない。責任者として最善の努力をしようと腹を決めた団長と校長は、ひそかに団を抜けだして新京に戻り、あちこちを探し歩いた。

この間に奉天からの引揚げ第一陣は、予定どおり五月十六日に奉天駅をたって、錦州で検疫予防注射などで数日滞在したあと、葫蘆(ころ)島から佐世保に渡り、六月六日には郷里にたどりついた。これに続いて前後五回に分かれて昭和二十一年十一月十日までに、奉仕隊員も合わせて二〇八人が祖国の土をふんだ。団長と校長は、たまたま国府軍と八路軍の交戦にも災されて、目的を達することもできずいたずらに残留を一年多くしただけで、二十二年十一月十三日郷里に帰還した[40]。

第一〇次**双龍泉第一木曽郷開拓団**については、終戦時、勤労奉仕隊員二〇名が派遣されていたことが記されている。九月二五日に男子がソ連兵に連行されたあと、残された婦女子と勤労奉仕隊の女子は、ソ連兵と原住民の襲撃を耐え、奉天の富士青年学校跡にたどり着き、ソ連兵に連行されて別れていた男子の一隊と思いがけなく合流、越冬することになった。しかし、栄養失調と発疹チフスに加え、ソ連兵による暴行強姦が繰り返され、幼児から始まって婦女子のほとんどが死亡し、勤労奉仕隊も半数が帰らぬ人となったという。「終戦当時、応召者は三一人、うち九人が戦死したが、二一人は二十一年秋ごろから二十三年夏ごろまでには復員帰国した。在団者の八〇人中、未帰還が三人、死者五二人、生きて故国の土をふんだ者はたった二四人、奉仕隊も二〇人のうち七人が奉天で命を絶ち一人が未帰還となっていた」と記載されている[41]。

▼龍江省にあった報国農場

> 山形県大和／協和報国農場・福井県興亜報国農場

平田資料にある山形県の**大和**、**協和の二つの報国農場**は、ともに龍江省甘南県大平山屯にあった第九次大和庄内郷開拓団および第九次協和北村山郷開拓団に派遣されていた青年男女のことを指すものと考えられる。同資料では、前者には男一九名、女一七名の計三六名、後者には男一〇名、女四六名の計五六名が派遣されていたとあり、全満報国農場長会議にも場長が出席している。これらの地帯はソ連軍による戦闘地域にはならなかったものの、「匪賊」の襲撃や、伝染病などのため、避難・引揚中に多くの死亡者を出している。

福井県興亜報国農場には主として女子隊員が派遣されていた。『福井県満洲開拓史』および『あゝ北満の花よ（興亜報国農場女子奉仕隊と母を偲ぶ）』[42]に設立から帰還までの詳細な記録が残されている。一九四三年に龍江省甘南県平陽村に建設途上の興亜開拓団に派遣された興亜女子勤労奉仕隊の実践成果が高く評価され、翌年、興亜報国農場の設置が計画された。福井県農民道場の男子生徒一七名が先遣隊として派遣されたあと、嶺南四郡から応募した一〇五名の第一次女子隊員が渡満した。この年はワイルス氏病が発生し、引率の辻絹子教諭をはじめ、五名の犠牲者を出すことになった。

一九四五年は、「春まだ寒い弥生の半ばと、桜咲く四月の上旬、この二回にわたり、西隊長以下五名の幹部と、福井県嶺南四郡からなる女子青年団より六十九名、農兵隊々員三名を含む七十七名の女子挺身隊が、気比神宮の参拝を終え、見送りの人々と別れをつげ、なつかしの郷里を後に敦賀駅を出発、一路北満の果て、興亜報国農場へと旅立った」[43]。しかし六月には引率の西隊長をはじめ、幹部たちが次々と応召し、六名の幹部が半分に減ってしまったという。篠原愛子氏は、敗戦の知らせを受け、女子隊員は全部国民学校に集合するよう連絡があり、そこで全員自決か、再起に望みをかけて生き延びるか、隊員総会が開かれたことを手記に残している。

九州の方で、武士の血を引かれた校長先生は、敗戦日本の国民として、何の面目あって生き永らえていられるものか、全部自決（同日夕食の味噌汁に毒を混入）を仕様とおっしゃる。団の方の中に死は易し、生は難し、何もそんなに死を急ぐことはない、生き延びられるだけ生きのびて、どうにもならなくなった時死を共にしても遅くはないではないか、との発言があり、隊の渡辺、上阪、山口の三先生も再起の日を目指して強く生き延びることに決められた。そうと決ったら死を決しられた校長先生は「まけておめ〳〵生きて居たい様な心の腐った人達はもう一時も学校にいて貰うことが出来ない」とおっしゃるので、私達は又持って来た寝具に食糧など全部外に出し、又元の農場え〔ママ〕引返した。校長先生御一家は、白装束も清々しくピストルで立派に最後〔ママ〕を遂げられた。こうして運命の味噌汁は私たちの口に入らなかった(44)。

ソ連侵攻後は「匪賊」の度重なる襲撃があり、熊本県出身者の東陽開拓団に避難したが、その後、興亜開拓団に分散して越冬し、くじ引きで四グループに分かれたものの、最終的にはすべてチチハルに出てから葫蘆島に南下し、一九四六年一〇月五日に日本に上陸した。二名の役員と二四名の隊員は祖国に帰ることが出来なかったという。

▼三江省にあった報国農場

青森県巴蘭甲地報国農場／大光寺報国農場・山形県宝山報国農場・栃木県悦来報国農場・富山県大平報国農場・長野県窪丹崗（わあたんがん）報国農場／公心集報国農場・島根県大頂河報国農場・岡山県浩良河報国農場

青森県巴蘭甲地報国農場については、『講和記念甲地村史』に以下の記述が残されている。「昭和二十年も報国農場が送り出されたが、但し団員の入植はなかつた。此年の五月、二十九名の召集者があり、米田経理指導員始め次々に戦場に人を取られてしまつた。八月九日、ソ連の侵入と同時に、老人・不具者を除く男が全部戦場に送られ、団長指揮のもとに八月十四日依蘭出発、哈爾賓え〔ママ〕避難した。途中ソ連の機銃掃射を受けたりしたが、無事哈爾賓の師導〔ママ〕学校に落ち着いた。しかし、発疹チブスや肺炎などの為に次々と死亡して行つた。九月十七日、新香坊の義勇隊宿舎に収容されたが、なおも次々と死亡し、七才以下の子供は全部死亡した。辛うじて生き残つたものも、飢と寒さに苦しみながら、日雇などをして生活した。此間、団長奥村耕一も死亡したので、当時の校長福士駿二が代つて団長の仕事をした。昭和二十一年十月九日、引き上げて母村の乙供駅に到着した時は、あまりの悲惨さに、何れも泣くのみであった。渡満者と帰還者とは次の通りである。渡満者三三八名、帰還者一六七名、未帰還者一八名。これを見ても敗戦の悲惨な様子がわかると思う[45]」。

同じく**青森県大光寺報国農場**については『大光寺史』に次のような短い記録がある。「大光寺報国農場結成　十九年四月中南地方の青少年男子四〇名、女子三〇名合計七十名を以て結成し、五月初旬船水新一、長内正三が幹部として引率渡満、大光寺分村開拓団に至り作業に従事した。場長には須々田哲三郎団長が兼任した。現地入植者数　七八戸、家族数二四四名、外に報国農場員七〇名」。このうち「現地召集をうけて戦死した人も加えて百二十一名が異国に骨を埋め、昭和二十一年九月懐しの母国に引揚げてきた人々は僅か五十名にすぎなかった[46]」。報国農場隊員のうち三五名が長春に避難していたことが朝倉康雅『嗚呼　満州東京報国農場』に記載されている[47]。

平田資料の**山形県宝山報国農場**というのは、宝清報国農場から三江省富錦県宝山にあった第九次宝山開拓団に応援に来ていた西村山郡谷地町女子青年団員八名、男子青年団員三名のことを指すものと考えられる。『山形県史 本編 四 拓殖編』には、板子房開拓団に避難していた報国農場隊員を含む宝山開拓団の結末が以下のように記されている。

八月十八日、食糧が欠乏して来たので団の畑に馬鈴薯掘りに出かけたが、途中、土民の襲撃をうけて逃げ帰った。

土匪は組織的な匪団となり、正午頃には大部隊を以て板子房開拓団本部を包囲し銃撃を加えて来た。老幼婦女子を本部・学校内に集結させ、団長以下男子は極力防戦したが遂に及ばず、金田団長は頭部に貫通銃創をうけて即死、その他の団員も次々と斃れ、あるいは自決した。生存脱出者は僅か二名、あとは女・子供にいたるまで全員虐殺された[48]。

栃木県悦来報国農場については当事者による記録

は未見であるが、二一名が長春に避難していたことがやはり『嗚呼　満州東京報国農場』に記載されている[49]。長春では避難していた一八の報国農場からなる在長春報国農場協会が作られ、栃木県報国農場長の駒塚詳氏と東京都報国農場長の秋山常三氏が代表を務めていた。朝倉康雅氏によると、栃木県報国農場と東京都報国農場とは帰国後も交流があったとのことである。

富山県大平報国農場については農場長であった根塚伊三松氏による『北満報国農場　少年農兵隊長の手記』[50]という貴重な資料がある。この日誌は根塚氏が報国農場長となった経緯や、参加者の氏名と年齢、渡満から帰還して亡くなったすべての隊員の自宅を訪問するに至るまでの様々な出来事の詳細な記録が収められている。特記すべきことは、一九四五年七月一八、一九日に新京で行われた全満報国農場長会議の出席者や議事内容が詳しく記録されていることである。この会議は、すでに日本海における制空権・制海権が失われ、日満間の往来が危険極まりない状態に陥ったことに鑑み、一〇月に予定されていた満洲報国農場隊員の帰還を中止し、越冬の準備をすべきことを伝達するために行われた会議である。要員局課長の谷垣専一が空路で、課員の栗根主夫が海路で新京に派遣されたのだが、谷垣は間に合わず、栗根は半日遅れで到着するような有様であった。一〇月の帰国を楽しみにしていた隊員たちの失望は計り知れず、胸中を察して隊員にこの会議の内容を伝えなかった場長も多かったようである。この会議では病弱な者や農家の跡取りなど、事情がある者に限って帰還させることになっていたが、それがまた物議を醸すことになった。富山県報国農場では、隊員は全員越冬させるという決断をしている。

富山県の報国農場に関しては、少年農兵隊の中でも長男の参加が多かったことが特徴である。一九七六年五月三一日に片岡清一議員が衆議院農林水産委員会において当時農林大臣であった安倍晋太郎にかなり詳しい質問をし、賞勲局や厚生省に働きかけを行った。その結果もあって、「昭和四十五年一月三十一日、故城久光君(一三才)と故城明君(一四才)に勲八等瑞宝章が贈られ、翌年三月二十七日、故山崎正春君（一三才）にも同じくご沙汰があった。おそらく全国最年少の叙勲者と思われる。さらに家族に遺族年金が支給された[51]」という。ところが五年後に根塚の日誌に依拠して書かれた『夕日の墓標　富山県満蒙開拓団の記録』には後日譚が掲載されており、死亡公報（昭和二二年三月、八路軍の使役中、安東で死亡）をもとに叙勲を受けた山崎正春氏が、一九七六年五月に瀋陽（旧奉天）で生きていることが判明し、二年後、三三年ぶりに帰郷したというニュースが紹介されている[52]。根塚氏は「お国のためだといっても、もう絶対にだまされない」と振り返っている。なお、満洲で亡くなった富山の農兵隊に認められた遺族年金は、当然、他の満洲報国農場隊員の遺族にも適用されるはずであり、根塚氏は中田幸吉富山県知事宛の陳情書の最後で、以下のように述べている。

渡満隊員八十一人のうち、九死に一生を得て五十七人が帰県しましたが、遂に二十四人（うち幹部一人）の少年たちが、異国の大地に果てたのです。寒さと飢えのために、身体が極度に衰弱し、栄養失調となり、赤痢・発疹チフス・肺浸潤に冒されました。すべてのチカラを消耗し、すべてのものを使い果たした彼等は、死の間際のことばさえなく、誰も黙って死んでしまったのです。土の戦士というには、余りにも哀れな最期でした。

然るに、政府はお国のために死亡した農兵隊の少年たちに対し、今までに何らの処遇もしなかったのですが、昭和四十五年並びに昭和四十六年の叙勲に際し、三人の死亡隊員に勲八等瑞宝章のご沙汰があり、家族に遺族年金が交付されました。

おなじ条件のもとに死亡した残りの二十一人に対し、速やかに、同等のお取扱いを願いたく、ここに名簿を添付して、陳情いたす次第であります[53]。

この根塚氏の陳情が聞き入れられたという記録は未見である。

長野県窪丹崗報国農場については、『長野県満州開拓史　各団編』に詳しい経緯が記載されている。

県農業会は会長小平権一の名によって「報国農場班隊員募集要綱」(一九四三年)を宣布し、農村の中堅男女青壮年の中から毎年五〇〇人前後の隊員を報国農場に送り込む計画を立てたが、一九四四年の応募者は三一二人、一九四五年の応募は二八九人に留まり、年齢も男子は一五歳から一七歳、女子は一六歳から二一歳が全体の八割を占めていた。農場での生活状況については「農作業は経験のないものばかりで、しかも年少者と女子がほとんどだったから、せっかく農機具も馬も入っていたが、使える者がなく、手作業にたよったため、予定しただけの耕作はできなかった。開田作業もわずか一〇八ヘクタールが精いっぱいで、しかも籾の播種は予定が大幅におくれて六月中旬になってしまい、畑作も五八ヘクタールをこなしたにすぎなかった。畑作は大豆を筆頭に粟・大小麦・燕麦・包米(トウモロコシ)・小豆・高粱・馬鈴薯・蔬菜などを作付けした。農場の食糧事情は極端に悪く、米は関東軍払下げの古々米らしく、ふけ臭いぼろぼろ飯に大豆を混入して量をふやしたが、それでも食器に軽く一杯しかなかった。渡航のさい乾燥野菜を一人で二箱ずつ持たされたが、これがなくなると野草がつめるまで塩汁だけのこともあり、魚や肉は一度も食膳にのぼらなかった。宿舎も畳一枚分が一人あたりの広さで、布団は上・下一組だけ、ランプもなく暗くなると寝て、明るくなると起きて働いた。作業もきつかったし、こうした環境下にあったから、ホームシックにかかる者が多く、気候風土のちがいからくるアメーバ赤痢と栄養不足で体力を消耗し、九月ごろには看護婦がついて帰国した者も何人かあった。初年度は中途で帰国した者二一人、死亡者三人を出していた」と書かれている[54]。

終戦の年は、ソ連侵攻後、香蘭駅から無蓋車に乗ってハルビンまで行き、八月一九日に新香坊難民収容所に落ち着いたが、「十月末には送電が止められ、ローソクもなくなり、豚の脂であかりをとった。寒さが加わると、栄養失調と発疹チフスの蔓延で、幼児から死にはじめ、十一月には中村場長も死亡し、十二月には隊員も次々と床につき、翌昭和二十一年一月には荻原指導員が、二月には菅沢・清水らをはじめ多くの隊員が不帰の人となった。当初病院側では大量の死者を予測して二千個の墓穴を掘ったというが、冬を越すにはなおその数は足りなかった。仲間が死んでも埋葬することもできず、死体といっしょに幾日も寝ていた者もいた。はじめのうちは棺桶もあったが、そのうちに土葬さえも困難になった」とある。結局「二十年度の農場には場長の家族をふくめて二九五人おり、隊員は二八九人を数えたが、途中退団者一七人、出征一三人、うち四人が死亡しており、当時の在場者二六五人のうち五八人が死亡し、二一六人がふたたび故国の土をふむことができた」のであった[55]。

長野県公心集報国農場は第八次読書開拓団に併設されたものである。全国で最も早く編集された満洲開拓団の記録『北満の哀歌』には、一九四五年五月一〇日に早川楽三隊長のもとに隊員四〇名が入場したことが書かれている。「死んだら運び出すより仕方ない……そう言つていた廣瀬さんも運び出される亡骸となつてしまつた。やむなく一定の墓場まで運んで行つた。地は凍てついて掘れないので仕方なく野ざらしにして帰る。おどろいたことには今まで幾人か運び出してきたどの死体もどの死体も、真裸になつて衣服をむきとられてしまつてゐる。野犬がいたるところに嚙みついて、男女の別さえ判明しない、無惨な死体の放置である」との描写がある[56]。執筆された時点では帰国者が三名、死没者二一名、未帰還者一六名となっている。

島根県大頂河報国農場に関しては、『島根県満洲開拓史』に詳しい経緯の説明がある。裕家直砂と大頂子東仙道の両開拓団が、極めて入植不振だったために報国農場隊による援護が要請され、大頂子団の第二部落へ入植することとなった。その際、「第二部落は入植不振であいていたが、元来団用として満拓が設備したもので、満拓側は同意しかねたが、強引に押し切ったのであった」と書かれている[57]。この報国農場は、一九四四年に大水害に遭っており、「日本内地の様に、山から海へと一気に流れ込む雨水以外には、全く知らない我々には、思いもつかぬことであり、外部との交通は何時できるか全く陸の孤島と化したのであった」という記録が残されている。[58] 終戦時の隊員一四四名中、応召者三八名、非応召者一〇六名(男三八名、女六八名)で、女子隊員は県立大東女学校から派遣されていた。『島根県満洲開拓史』に掲載されている堀江幸子氏の日誌には、いつ誰がどこで亡くなったかなどの情報が詳しく記されている。[59] 最終的には、現地応召隊員三八名中死亡者一〇名(二六%)、非応召隊員一〇六名中現地死亡者三五名(三三%)の犠牲者を出している。

岡山県浩良河報国農場については、『拓魂』という記録がある。[60] 一九四四年には前田太郎氏を中隊長とする浩良中隊(幹部九名、先遣隊一九名、本隊六〇名)が派遣されたが、成績がよく模範農場として外からも見学があったことが記されている。終戦の年は、七月二〇日に前田農場長が一三〇名の隊員を残して現地応召し、野田副農場長が後を継いだが、野田氏も八月九日には応召し、ソ連のアバカン収容所で病死している。隊員は一九名が満洲の地で亡くなった。

▼東安省にあった報国農場

東京農大湖北農場・山形県宝清報国農場・長野県珠山報国農場/下伊那東横林報国農場/北哈嗎報国農場/索倫河報国農場/東索倫河報国農場/西五道崗報国農場

東京農大の湖北農場と山形県の宝清報国農場については既述したので、長野県の報国農場について、『長野県満州開拓史 各団編』を参考に紹介したい。

なお、東安省・牡丹江省・間島省は一九四三年一〇月には東満総省に統合され、さらに一九四五年五月には間島省と東満省に分割された。ここでは便宜上、東安省、牡丹江省、間島省に分けて記述する。

珠山報国農場は、第一一次珠山上高井開拓団に併設された報国農場である。一九四二年に勤労奉仕隊二六名(男一八名、女八名)が派遣され、一九四三年は一六名(男三名、女一三名)、一九四四年には二〇名(男五名、女一五名)が継続して派遣されている。しかし、開拓団への入植者が少なかったことから、一九四五年の報国農場設置が決定され、開拓団長の永井正雄が農場長を兼務することになった。こうして一九四五年、今井弥吉を隊長とした一〇一名（男四九名、女五二名）の隊員が報国農場に派遣された。逃避行の概要は以下のようなものである。

八月一〇日の未明、大車を仕立て、牛・馬に物資を積み込んで、宝清街を目指したが、途中、県公署の指示で勃利に向かった。ソ連軍の機銃掃射を受けたため、行き先を林口に変更し、山中を進んだ。「長谷川指導員は、単身、帽子を振り無抵抗の意を示しながら交戦中の部落にいって食料の提供を願い出て、三百食を確保できた」というエピソードが記されている。[61] その後、ソ連軍の捕虜となり、男子は海林の野天収容所に、婦女子は拉古収容所に収容され、さらに男子は牡丹江元電信隊跡に移された。一〇月にはハルビンの花園小学校、一一月には新京の室町国民学校跡に収容され、その後報国農場の少年たちは無蓋列車に乗せられて奉天に至り、春日国民学校収容所に入ることになった。飢えと寒さと伝染病により、派遣された一〇一名の報国農場隊員のうち、二三名が命を落とし、四名が残留したとのことである。

東横林報国農場、**北哈嗎報国農場**、**索倫河報国農場**、**東索倫河報国農場**は、いずれも宝清街から大和鎮に通じる軍用道路沿いに存在していた。東横林報国農場には下伊那郡出身者が派遣されたため、下伊那報国農場と称されていた。一九四四年に青年学校の男子生徒五〇名が派遣され、一九四五年は亀割増夫農場長のもと、指導員二名、男七名、女一八名が派遣された。『長野県満州開拓史 各団編』には、八月のソ連軍侵攻時における宝清離脱以降の経緯について、以下のように語られている。

連絡に残っていた数人の兵士から物資をもらい、雨の中を勃利に向けて歩いた。山中の野宿をかさね、義勇隊や開拓団跡に泊り、洪水の倭肯河を命がけで渡河し、二十一日には鹿島台付近で中国人と「満軍」の襲撃をうけて応戦した。そして二十三日からはソ連軍包囲の中で、佐渡開拓団跡に集結した、宝清県から避難してきた開拓団・県公署・一般人の三千人近い人達は、逃げ場を失って自決あるいは玉砕して果てた。農場隊員も最初から行動を共にしてきた南信濃・阿智の開拓団の人達と運命をともにした。亀割場長は二十五日、これ以上集団行動はできないとみて、隊を解散した。このとき二人の隊員が別れの挨拶をして別行動に移った。隊員は開拓団員とは別に離れた所に宿舎をとっていたが、ソ連軍の攻撃で場長をはじめ女子隊員のほとんどは戦死あるいは行方不明となった。一部の者は千振を経て依蘭に避難したが、その後の消息はなく、場長以下二八人の報国農場隊員は伊藤秀雄外一人が祖国の土をふんだだけで、二六人はふたたび見ることができなくなってしまった。[62]

なお、長野県は一九四四年一一月頃から都会の疎開者を受け入れていたが、下伊那郡地方事務所長は「疎開者中ヨリ在満報国農場隊員」の「追加募集」を通牒しており、詳細は明らかでないものの、すでに二〇名が渡満しているとの情報も掲載されている。[63]

北哈嗎報国農場は第一三次北哈嗎阿智郷開拓団、**索倫河報国農場**は第九次索倫河下水内郷開拓団、**東索倫河報国農場**は第一〇次東索倫河埴科郷開拓団、**西五道崗報国農場**は第六次南五道崗長野村開拓団に派遣された勤労奉仕隊のことを指しているものと思われる。平田資料では、終戦の年、北哈嗎報国農場には男八名、女一四名、索倫河報国農場には男のみ一四名、東索倫河報国農場には男五名、女一六名、西五道崗報国農場には女のみ一九名が派遣され、死亡者は北哈嗎報国農場が八名、索倫河報国農場が九名、東索倫河報国農場が四名、西五道崗報国農場が一名となっている。なお一九五二年一月一六日現在の未帰還者は、北哈嗎報国農場が四名、索倫河報国農場が〇名、東索倫河報国農場が六名、西五道崗報国農場が三名であった。

牡丹江省にあった報国農場

東寧報国農場（農業報国連盟→農事振興会）・福島県呉山報国農場・長野県東海浪報国農場・愛知県海南村報国農場・和歌山県大平報国農場・香川県半截溝報国農場／樺林報国農場／芦屯報国農場

『桑折町史』には**福島県呉山報国農場**に関しての若干の記述がある(64)。一九四二年三月二一日の『福島民報』に「二〇〇名を送出、満州に報国農場」の記事が掲載されていることが紹介されており、報国農場が呉山開拓団内に併設されたことが記されている。新聞記事は、福島県報国農場の設置経緯および目的を述べ、以下のように訴えている。

大平・呉山共に本県拓士が既に開拓に挺身してゐるところだが開拓団員が所定計画の予定数に達せず大東亜共栄圏確立の基盤を為す満州国開発上遺憾の嫌ひなしとしない、県報国農場の設置に依つて最低限度二百名の耕作隊員を送出四月から一〇月まで駐屯せしめて水田一〇〇町歩、畑二〇〇町歩、合計三〇〇町歩から永続的に毎年米一千石、金高にして八万余円の収穫を挙げる計画のもので訓練と開拓の一石二鳥を狙ふのである、隊員は相当の手当（現物処分）も講ぜられるのであるから各市町村は名誉にかけて隊員選出に協力してほしい

新潟大学人文学部地域文化課程アジア文化履修コースを二〇一〇年に卒業した松本理沙氏は、「福島県送出の満州開拓移民」という卒業論文で大平・呉山開拓団について詳細な事例研究を展開されているが、団員の回想録は見いだせなかったと記している。私自身も、体験記などは探しあてられなかった。五十子による「戦ふ開拓勤労奉仕隊」には、鏡泊湖の畔に「満洲開拓の先駆者の名を負ふて気負ふ鏡泊学園村、それと隣つて又第一次の義勇隊鏡泊開拓団があり。この義勇隊開拓団の団本部の中に本部を置いて、福島県報国農場の一隊が立籠つて居るのである。この本部の裏手の岡の上に興亜烈士の碑があり、そ

の左手の中腹には、山田先生はじめ幾多の開拓先覚の英霊が静かに眠つてゐられるので、農場隊員達も朝に夕にこれらの英霊を拝しつゝある生活であるから実に緊張して居る」との短い紹介が書かれている[65]。平田資料では、一九四四年には六七名の男子が派遣されたことが記されているが、一九四五年に関しては記録がない。

長野県の**東海浪報国農場**については、『長野県満州開拓史 各団編』に終戦当時、小林岩雄隊長以下、男子三名、女子一二名の満洲建設勤労奉仕隊が除草のために第四次東海浪瑞原義勇隊開拓団に滞在していたことが記されている。彼らを含む在団者三七名の悲惨な最期は以下のように纏められている。

全員休憩して昼食の準備をしていた（八月一五日の）十一時ごろ、満州国軍の叛乱兵七、八〇人が襲撃してきて、あっという間に全員を数珠つなぎに縛りあげ、焼け残っていた満州馬畜舎におしこめ、壁に向かって後向きにならばせ、二つの入口に据付けた二丁の軽機関銃で、一斉に射殺した。そのあと、建物に火を放ち、荷物を奪って立ち去った。このとき約二〇人近くが即死した。

八月十五日夜、隣接の哈達湾開拓団（秋田県出身）に収容された一二、三人の重軽傷者は十九日午後、全員が合意のうえで自決して果てた。哈達湾本部を包囲していた満州国軍の攻撃が物凄く、哈達湾の団員、家族および各地区から集結していた者と計約二〇〇人の避難民とともに壮烈な集団自決をした[66]。

愛知県の**海南村報国農場**については、『戦争動員と抵抗　戦時下・愛知の民衆』に著者の佐藤明夫氏による詳細な調査記録が纏められている[67]。この報国農場は一九四四年、県立追進農場を拠点にして設立され、建物は中国人家屋の六戸を本部や隊員の宿舎として接収したものであった。初年度は、東満総省寧安県にあった高千穂開拓団から借りた約一七〇ヘクタールの農場に、追進農場の修錬生や修了者を中心に一〇〇名が派遣された。翌一九四五年には八二名の隊員が派遣されたが、追進農場の修錬生は愛知県食糧増産隊（少年農兵隊）の幹部要員となったため、男子は高等科卒業から間のない十代半ばの年少者を募集することになり、必然的に女性の比率が高まった。矢作国民高等学校からの参加者が多かった（一九名）。高千穂開拓団からの借用地はせまくて土質も良くなかったため、一九四五年、海南村砂虎屯の肥沃な一等地を現地人から強制的に接収し、二一〇ヘクタールの畑と八〇ヘクタールの水田、三〇〇ヘクタールの牧草地が利用可能となっていた。

六月以降、磯貝場長や幹部が応召して弱体化した報国農場隊は、ソ連侵攻後、ハルビンを目指し、他の開拓団とも合流して一五〇〇名の大部隊となった。その後、一旦牡丹江に南下し、再びハルビンの花園小学校収容所に収容されることになったが、このとき責任者が隊員八〇人を前に解散を宣言し、年少者と病者は切り捨てられることになった。結局、八二名の隊員のうち四六年中の生還者は二九名、行方不明後の生還者が五名、現地での死亡者は四八名、帰国直後の死亡者が三名、死亡者総数五一名、死亡率六割以上の悲劇であった（職員は生還者三名、死亡者六名）。辛うじて生き残った三一名の元隊員たちも健康を回復し、心の傷を癒やすには長い年月を必要としたという。

和歌山県大平報国農場に関しては当事者による回想録のようなものは見当たらず、五十子巻三による下記の記録が、著者の接した唯一の現地情報である。

鏡泊湖の岸から少し離れたところ、東京城の近くに太平溝開拓団と言ふのがある。こゝに和歌山県の報国農場がある。隊員百二十人のうち四十人が女子奉仕隊であるがこの女子班が、もの凄い働き手揃ひで、断然男子組を尻目にかけて、リードしてゐる。一緒に麦刈りを始めてもたちまち男子組を引き離して大の男がアレヨ〳〵と見てゐる間にどん〴〵〳〵進んでしまふのである。和歌山の娘さん達はみんな男勝りの様である。男達はどうも頭が上がらず「あゝこれで銃後は安心だ、安心して出征出来ます」と、負け惜しみを言つて

居る。(68)

平田資料によると、一九四四年に和歌山県報国農場に派遣されたのは、男子六四名、女子四二名で、一九四五年は男子七六名、女子二六名であった。そのうち、三八名が亡くなり、八名が未帰還となっている。

香川県半截溝報国農場については、『香川の開拓者たち　満州国牡丹江省寧安県東京城鏡泊湖第十次半截溝香川郷開拓団と報国農場勤労奉仕隊の人々』に、副団長として渡満された土居春子氏による「丸坊主の青春」が寄稿されている。(69)土居氏はいまも高松市にご健在で、何度も私のインタビューに応じて下さった。私は敬意と親しみを込めて土居先生と呼んでいる。

青年学校の教師だった土居先生たちは毎日のように家庭訪問をして男子二二名、女子三四名の隊員を集め、一九四五年四月二〇日に渡満された。このとき、隣接した木田郡は戦局を考慮して急遽、渡満を取りやめており、先生は帰国後、亡くなった隊員の家を自転車で訪問しながら、その時のことをしきりに後悔されたという。

先生から頂いた私信には、「楽しかったことも書かなければ、やりきれないのです」という添え書きとともに、たくさんの思い出が書かれている。

満州に着いたその日の夕食は大きなおはぎでした。内地で砂糖が手に入らず、甘い物に飢えている私たちへの暖かい配慮だったと思いますが、今も忘れることはありません。満州での食事は粗食でしたがたっぷりで日本ではとても頂けないくらいでした。しかし宿舎は少々幻滅でした。草葺屋根のまわりは土壁、同じ塀の中の本部〔香川開拓団本部〕の方たちの家とは違った粗末なものでした。でも半年だから我慢できると思いました。

まず朝食をすませ、朝礼をして、隊列を組んで、報国隊の歌を高らかに歌いながら、元気いっぱい出発しました。

大陸色に焼き付けた
五体がっちり先駆者の
誇りに燃えて陽が昇る
広い舞台だ　この朝だ
若人我等の　血はたぎる

さて、農場は広大で一筋耕して向こう岸に着けば、こちらから〃おーぃ〃と呼んでも向こうの者には聞こえないほどです。昼食は近くを流れる小川で米をとぎ、飯盒炊さんです。キャンプに行ったような感じで楽しい一刻でした。

五月終わりごろになると山々の裾野は鈴蘭が群れをなし、いい香りで一杯になり、農場近くの小川のほとりには四季の花が一斉に咲き乱れます。アヤメ、シャクヤク、桜草、ユリ、桔梗、野菊など、みんなうっとり腰を下ろして動きたくないくらいです。

そしてみんな大きな家族のように仲良く、一生懸命頑張りました。

五十子も半截溝報国農場について、「緑の稜線をきつて、白い蕎麦の花が咲き、黄色い麦の畑が展開してゐる様は、満洲にゐながら、満洲を忘れ、まるで琵琶湖の畔でも思はせるやうな風景である」とか、「魚の宝庫鏡泊湖であるから、三尺もある大きな鯉や鯰や雷魚が捕れる」とか、「御馳走はお国の慣例によつて、ウドンであり、白い、長い逞しいウドンが山のやうに出ます」とか「夕方からは運動の為めとあつて、雨の晴れ間を外に出て、盆踊りである。一同円陣を造つて、お国自慢と咽喉自慢が声を張り上げて踊り廻るのである」などと楽しい記事を紹介している(70)。

土居先生の話を伺う中で印象的だったのは、赤鹿兵団のことである。鏡泊湖畔の森の中に、関東軍の赤鹿兵団が残留しており、土居先生たちは、ソ連侵攻後も、心中、この兵団を頼りにしていたそうである。しかし、逃避行の途中、夜になって報国農場の女子隊員に手を出そうとやってきたのは他ならぬ赤鹿兵団の将校であり、土居先生自身も身に危険を感じたことがあったという。ソ連兵による暴行も恐ろしかったが、日本兵も決して安心できるわけではなかった。その後土居先生たちは男女に分けられてから馬連河で自警村難民収容所に入れられ、そこでお世話になった八丈開拓団の団員について長領子に行き、中国人の家に一人または二人ずつ入れてもらって越冬し、帰国を待つことになった。そのまま嫁入りしてしまった女子隊員もあり、先生は引率者としていまでも責任を感じておられるとのことである。一行は、一九四六年一〇月三日、男装したまま祖国の土を踏むことになった。平田資料によると一九四五年に派遣された三八名中、死亡者三名、未引揚者一八名（一九五二年一月一六日現在）となっている。

香川県樺林報国農場に関しては、手記や回想録のようなものは未見であるが、報国農場隊が派遣される前の樺林開拓団の様子については、向井梅次氏による「牡丹江省樺林開拓団の記」という詳しい記録がある[71]。樺林開拓団は香川県綾歌郡栗熊村の分村で、村の半分が移住したものであった。平田資料では終戦の年に派遣された三七名のうち、一九名もの死亡者を出していることが記されているが、その経緯については調べることができなかった。香川県綾歌郡栗熊村は、一九三三年に農林省の経済更生指定村に選ばれており、農家簿記などが熱心に行われていた[72]。

同じく**香川県芦屯報国農場**については、平田資料に一九四五年の派遣人数として男二〇名、女二一名と記録され、そのうち九名が亡くなり、一五名が未帰還と記されているほかは、情報を得ることができなかった。

▼濱江省にあった報国農場

山形県阿城報国農場・長野県老石房／歓喜嶺／王家屯（わんじゃとん）／蘭花報国農場

『山形県史　本編　四　拓殖編』には終戦の年、阿城開拓団に四八名の勤労奉仕隊が派遣され、逃避行は開拓団と一緒だったことに触れられているが、阿城大谷・阿城高柴開拓団に関する記述中、いずれにも報国農場隊員に関する記載はない[73]。

長野県老石房報国農場は、木蘭県老石房川路村開拓団の南隣に開設された長野県報国農場のことである。渡満人員は一九四三年が九一名、四四年が三九名、四五年が三四名で、終戦の年は男子隊員が五名、残りの二九名は女子隊員であった。『長野県満州開拓史 各団編』によると、終戦後の状況は「急転直下、敗戦の悲運となり、満州食糧増産に挺身奉仕のうら若い隊員の純真な熱誠に報いたのは、思いもかけぬ残酷なそれからの運命であった。この人たちが、八月十五日急きょ避難集結した老石房川路村での全員協議会のたびに、団の婦人とともに」、「状勢の悪化に純潔の体のうちに自決したいと繰りかえし」、「強く玉砕を絶叫してひるまなかったのもさてこそである。老石房川路村(開拓団)本部集結のはじめ、報国農場格納の四〇〇俵の米その他は役だったが、当時の状況はそれをみな運ぶことができず、土匪のために略奪されたのも仕方なかった」。「八月十五日以後の開拓団に、兵匪土匪の来襲略奪は避け得られぬものであって、団に保有の物資、即ち衣料・食料・機械器具などの有ると見る間はあらゆる方法で続けられた。それが老石房川路村では、他のどこより平穏とも言える状態におかれたのは、入植以来の対満人関係が穏やかで親和されていたうえに、団所持の銃器をいち早く木蘭の新政府へ返納したからだと思いあたる」と書かれている[74]。農場隊員の死没者は九名で、全員が病死であった。

長野県歓喜嶺報国農場は転業帰農集団分郷移民による第一〇次歓喜嶺佐久郷開拓団に派遣された勤労奉仕隊を指している。『長野県満州開拓史 各団編』によると、一九四三年は男九名、女一三名、四四年は男一九名、女三一名、四五年には、先遣隊二〇名、本隊二二名の計四二名が、小林恒重の引率で新水田部落に入ったとある。終戦後、木蘭街から避難してきた二〇〇名程の日本人と合わせ、三〇〇名近い人数が本部部落に集結していたが、九月五日、七〇〇名に上る現地人の襲撃により、六〇余名が犠牲になった。平田資料によると、終戦時在場者三五名のうち、二〇名が亡くなったとされている。その様子の一部は以下のように描写されている。「中国の警察隊員一四人が、小銃と機関銃で一斉に銃撃をしてきた。この銃弾で中の五人は全身を射抜かれて即死、重傷を負いながらも東側の窓から逃げ出した一人も、銃の床尾板で撲殺された」、「蹄鉄場の前では、裸にされた団員六、七人が、槍や鎌・棒で虐殺され、本部建物に逃げこんだ者も、殴り殺される者、背負った子をうしろから刺される者、斬り殺される者が相次ぎ、そのうめき声、絶叫する悲鳴、目の前で肉親の殺されるのをみて、脱出どころか、一切の望みを絶たれて、井戸にとびこんだり、首をくくったりして、自らの命を絶った者は十数人に及んだ」[75]。

長野県王家屯報国農場は、一九四四年に第八次富士見分村王家屯開拓団に新設され、初年度は母村から四〇名の隊員が派遣された。『長野県満州開拓史 各団編』には「昭和二十年の富士見在満報国農場には、三月十八日に小林基視ほか一〇人、四月中旬には、下山ゆかりを隊長とした一五人の女子隊員が来団し、一一ヘクタールの耕作にあたっていた。管理の責任者は当初小林代理であったが、応召のため、七月末から小川善国に変〔ママ〕わっていた。八月十五日以降は本部の一室に移り、団長の指導下に入り、主として名取定一が世話をした。翌年一月の暴徒襲来で死者一人をだしてからは、全員病院に移り住んだ。その後、中共軍や朝鮮義勇隊の勧誘もあって、団長幹部の強い説得をふりきり、二、三人を残してみな中共軍に参加、病院勤務にたずさわった。このうち、六人が病死しほかの者は数年後帰国した」と記されている[76]。

長野県蘭花報国農場は、第一三次蘭花楢川村開拓団に来援していた勤労奉仕隊二四名を指しているようである。『長野県満州開拓史 各団編』によると「なお、勤労奉仕隊二四人は、団と行動をともにしたが、ハルピンで団員と別れて道裡区一面街の春日収容所ほかに分散して暮らしたが、一人が残留、一人が死亡、二二人は団員より一足はやく、二十一年十月五日に帰郷した」とある[77]。

▼吉林省にあった報国農場

山形県長春崗報国農場・群馬県駅馬報国農場・東京扶余報国農場・神奈川県大楡樹報国農場・福井県大平村報国農場・山梨県達家溝／甲府市菜園村報国農場・長野県金沙河報国農場・広島県上金馬川報国農場／含路口報国農場・高知県飲馬河報国農場

『山形県史 本編 四 拓殖編』によれば、**山形県長春崗報国農場**については、終戦時、勤労奉仕隊員一二名が第一一次長春崗東村山郷開拓団に参加していたとのことである。避難の状況については「八月十五日終戦と共に引揚命令をうけ十九日新京に集結、越冬して自活生活に入り翌二十一年七月十八日新京出発、錦州着、引揚船の手配を待ち八月十三日葫蘆島から乗船、十六日博多に上陸した。引揚者二〇四名、三七名死亡、一名は中共軍に抑留された」と開拓団の引揚げの様子が記されている。[78]

群馬県駅馬報国農場は、飲馬河（インマーホー）の水源地にあたる磐石県駅馬村に入植した駅馬開拓団の一角に造られた。この開拓団は母村木瀬村（桃木川と広瀬川の流域のため、川名から一字ずつ取って木瀬村となった）の分村であり、経済更生計画書を起案したのは日本最初の産業組合とも言われる野中信用組合の設立者として名高い清水及衛（ともえ）であった。『駅馬開拓団史』には報国農場を含む開拓団の詳細な記録が綴られている。[79]

駅馬のあった磐石県は、一九三四年、約二〇〇〇の「匪賊」が現地の関東軍や日本人・朝鮮人を襲撃した場所で、いわゆる赤色地帯と言われ、反日的雰囲気の強いところであったという。報国農場隊が東南方の拡張地区である郭家店旧警備隊跡に造られた農場に派遣されたのは一九四四年四月のことであり、初年度は清水圭太郎場長のもと、八〇名の隊員が渡満した。一九四五年三月、発疹チフスが流行し、十数名の犠牲者を出したが、この年も男一六名、女五一名の報国農場隊が到着した。その後、開拓団からは八六名が応召し、幼老の男子と女性ばかりの五〇〇余名は、ソ連参戦後、「匪徒暴民」による襲撃の中、清水団長の捨て身の交渉により、被害を最小限に抑えることができた。その際、苦力頭だった韓度雲氏による助命が功を奏したことは特記すべきことであろう。開拓団と報国農場の人々は、一銭の小遣いも持たぬ全共同、全共産の生活を営み、困難を乗り切った。清水及衛の組合精神が活きていたというべきであろう。

その後、銅山で有名な石咀子に避難して一一カ月間留まり、一九四六年七月になってから吉林、錦州を経て葫蘆島に至り、九月八日に駒形駅に到着した。その間、日本人の衣服や貴金属、白米などを掠奪したという八路軍の馬連隊長の公開処刑に立ち会わされたり、コレラの発生があったりして、難民生活と帰還の旅路は並々ならぬ苦悩の連続であった。六七人の報国農場隊員のうち、何人が帰郷できたのかについて、具体的な数字は不明である。

ところで、大問題となったのは、彼らが渡満前に持っていた土地が、農地解放の当然の措置として政府によって買い上げられ、人手に渡ることになったことである。結局、帰還者たちは浅間山麓大屋原で再度開拓村づくりにいそしむことになった。ある意味で、戦前よりも困難な事業に携わらざるを得なかったのである。

東京扶余報国農場に関しては、『嗚呼　満州東京報国農場』に以下のような記録がある。

扶余農場は昭和十九年になり、ハルピン近くの蔡家溝に、第十四次開拓団として設立されたのである。主体は、都内の転廃業者を対象としたのであった。金子馬吉氏が主任に、氷川の宮田さんが農作業の主任として開設された。転廃業者が多かった為に家族ぐるみの転入が多く大変であったらしい。単身者は報国農場員として参加したので別の行動をしたのであった。

昭和二十年四月になり沖縄出身者、都内出身者等が入り総勢三百人を越える大人勢となり、そのため家族持ちを一部落分割したのであった。単身者、家族持等入り乱れ、作業、人員の配分等、其の他、先頭に立つ人は大変であった。然し、先頭に立った人の配慮が当を得て、農作業等、上手に運営されていたのであった。八月九日、日ソ開戦を知り、農場では直ちに徴兵制を採用し自衛の体制を取った。又、幹部である宮田、沢、高橋各氏が出征して行った。[80]

一九四五年四月には米軍の沖縄上陸があり、東京は大空襲の直後であったが、路頭に迷った人たちが掻き集められ、急遽、東京扶余報国農場に送り込まれたのではないかと推察される。

終戦の年は、連日の雨のため、付近一帯が泥海と化しており、畑に出ることもできず、元気な男子が腰まで浸かって馬鈴薯を掘って主食としており、そのような中でソ連参戦の日を迎えることになった。

逃避行に当たっては、宮田、高橋両氏が軍隊より復帰したため、新京の東京農場員と落ち合って救援に向かい、現地人代表と話し合って、「物品を分け与えるかわりに農場員の生命を保証するとの協定に成功し」、五‐六カ所の部落民に一カ所当たり大車二台分を供与しつつ、夜陰に紛れて、蔡家溝の駅に向けて出発した。「農場在住中附近現住民は最後迄我々に好意的なりし事は特に感謝に価せり」と書かれており[81]、普段の交流の積み重ねが、先の協定に結びついたものと推測される。新京への道中、ソ連兵や現地人の暴行、掠奪など筆舌に尽くしがたい侮辱を受け、多数の負傷者を出し、特に一人の女子隊員が拉致されてしまったのは衝撃的な事件であった。新京に着いてから宮田氏らが救援に向かったものの、すでに自決した後だったという。

その後、南新京寛平大路政府官舎南宴寮に落ち着いたが、厳しい難民生活になり、家族持ちの隊員、沖縄、台湾の出身者、中共軍と行動を共にする者、独自に奉天等に向かって南下する者など、別行動をする者も多かった。引揚げに際しては、新京から錦州の収容所に移り、葫蘆島から乗船したが、錦州でコレラの発生があり、帰国を目前にしながら、数名の隊員が亡くなっている。『東京満蒙開拓団』には、「病死者一八名、行方不明三人、入院者三人、引揚者八三名」との記述がある。[82]

神奈川県大楡樹報国農場が大楡樹神奈川開拓団に隣接して創設されたのは、一九四四年三月のことであった。『神奈川「満州」開拓団　神奈川県報国農場　清水「満州」開拓団』によると、団員の宿舎は、張学良の妾の家を接収したものだったという。敗戦時の様子は、以下の通りである。

一年目の隊員は一〇月にほとんどが帰国し、越冬した一七名と二年目の四月に来た八三名の計一〇〇名が八月一五日の敗戦を迎えた。敗戦前に現地で召集された男子もいた。

敗戦後の様子は小山文子さんによると次のようである。二十家子など遠方の中国人が、集団をなして報国農場に来たが、農場に武器があったので特別なこと無くそのまま経過。ところが八月二五日頃、ソ連兵により武装解除が行われると、農場の品物を取ろうとする中国人の動きが激しくなって毎晩眠れない夜が続いた。九月一〇日(高橋英男さんによると九月四日)、農場地区の屯長から、「中国人が大勢押し寄せるから公主嶺に移った方が良い」との連絡を受け、報国農場隊、神奈川開拓団の全員は一旦、開拓団の日本人小学校に集結した後、公主嶺に移動、浅野醸造会社の二階で共同生活に入った。一週間位してから、当時の間宮農場長の判断で、報国農場隊員は、神奈川開拓団と別れ、満鉄社宅に移動、ここで一冬を越すことになった。男子は中国人の家に働きに行ったり、三人一組で町のゴミ集めや糞尿処理の仕事をした。女子はソ連兵からの安全を考え、満鉄病院の雑役をした。ソ連兵も病院関係者は大事にしたからだという。大部分の者はこのような生活を送って一冬を越したが、その間、七名の者が病気で死亡し現地の墓に埋葬された。数名の者だけが別行動をとった。知人があって朝鮮経由で帰国した小山さん、長春(旧新京)の商店で働いた三名の人々などである。報国農場隊員は、一九四六年(昭和二一年)九月帰国の途についた。[83]

なお、高橋英男氏の手記によると、開拓団と共に日本人小学校に集結した際、協議の途中、衆目の前で校長先生がカミソリ自殺を図った事件が記されている。一命は取り留めたものの、一団に衝撃が走ったことは間違いなく、開拓団員としてその場に居合わせた水落丈人氏は、この自殺未遂事件直後の混乱について、『大地遥かに』で以下のように述べている。

暴民による小学校の包囲網は、じりじりと狭まってきていた。開拓団長を補佐すべき校長の自決（命は救われたが）行為により、団長自身が、決断するよりない。いざという時に、自決用にと隠し持っていた手榴弾で、婦女子と幼児らを先に自爆させ、残った男どもは、かなわぬまでも暴民らの中へ突入して、日本人たる気骨を見せてから死ぬべきだ、ということに決した。

泣き声一つ立てる者はいなかった。母は幼児を抱きかかえ、娘らも老婆も一つに固まった。暴民の包囲網の中、しいーんと静まり返った一瞬、このまま永遠に時が止まったかのようだ。

まさにこの時、小学校を取り囲んでいた暴民らの輪が、ざわざわと乱れ出したのです。

と、間もなく馬蹄の響きがだんだん大きくなって、誰の耳にも聞こえるほどに近づいて来るのが分かった。取り囲んでいた暴民の輪も崩れ出し、逃げ出す者も出て来た。

それは、中国軍（現在の台湾）が、騎馬隊数騎を先頭に、兵士ら数十名と共に、駈けつけて来てくれたのです。(84)

神奈川県大楡樹報国農場の場合、平田資料でも一九五二年一月一六日現在「未調査」となっており、津久井高校社会部の部員と教員によって行われた生還者からの聞き取りが、当時を知るための数少ない資料となっている。いまは津久井高校に社会部は存在しないようであるが、貴重な資料を残してくれた若者たちの志に、心から敬意を表したいと思う。なお、報国農場隊員も加入している神奈川県農友会名簿が整備されているが、具体的な死没者の人数や未引揚者の情報などについては、まだ確かめることができていない。(85)

福井県大平村報国農場については、『福井県満洲開拓史』に、一九四三年二月頃に先遣隊が入植、同年一〇月先遣隊家族、本隊および家族が入植したこと、福井県だけでなく、東京都、長野県、栃木県からの隊員も合わせて、約四〇名であったことが記されている。県より耕地を一五〇町歩程給付されたが、入植人員ではとても耕作出来ないので、一〇〇町歩を現地人に請負耕作に出し残り五〇町歩を部落で耕作したこと、また、水田が五町歩程あったがこれは朝鮮人に請負耕作させていたという。終戦時、現地応召者が四、五名あり、生存者は一七名、死亡者四名、戦死者二名あったことが報告されている[86]。

『山梨満州開拓団小史』によると、山梨県には二つの報国農場があった。一つは徳恵県達家溝にあった**山梨県達家溝報国農場**で終戦時の在団人数は九五名(男三七名、女五八名)、もう一つは徳恵県菜園村にあった**甲府市菜園村報国農場**で終戦時の在団人数は一二一名(男四六名、女七五名)であった。前者は一九四三年に山梨県の肝いりで造られた報国農場で、石原治良の評価によると「山梨県は在満報国農場の実施について最も熱心積極的な県の一つで、之が完璧を期する為、経済更生主任官(相川事務官)は日本満洲間を幾度も往来奔走し、また年間の大部分現地農場に滞留して創設並運営の苦心を一身に背負つて奮闘する状況であり、他の県の奉仕隊はほとんど一般青年のみであつたが[87]、山梨では農業学校生徒をも多数参加させた」とある。一方、後者は「昭和二〇年の入植であったため、これといった成果もなく終戦を迎えた[88]」。両者は一九四五年八月一六日に合流し、一一月九日に一部の隊員が新京に避難し、残った隊員は一二月九日に徳恵県白揚寮に移転した(六名が死亡)。ソ連軍の使役に出させられたものもいた。一九四六年七月、帰国のために徳恵を出発したが、途中コレラが発生し、新京満鉄青年学校に合宿することになり、さらに九名が死亡した。また葫蘆島へ向かう途中でも六名が死亡している。長崎県佐世保港に上陸したのは九月二一日のことであった。平田資料によると、一九五二年一月一六日現在、山梨県報国農場の死亡者は一六名(二名が未帰還)、甲府市報国農場の死亡者は一〇名(未帰還二一名)であった。

平田資料にある**長野県金沙河報国農場**は、第一二次金沙北安曇郷開拓団に派遣された勤労奉仕隊を指しているものと思われる。『長野県満州開拓史 各団編』によると、一九四三年は平瀬隊長以下二〇人が母郡から来援し、翌四四年には細沢隊長が引率する三〇名、四五年には五八名の勤労奉仕隊が入植したと書かれている。この開拓団は、敗戦前の四月、団員のたき火の不始末から、中国人の住宅三〇余戸を類焼、部落丸焼けとなる事件があり、現地人との間に溝が深くなっていた。日本の敗戦が伝えられると、八月二八日、団本部や倉庫、個人家屋は次々と焼き払われたため、九月一日、八道河子開拓団に避難することにした。三人の警察官の護衛により避難行動に移ったが、途中、「暴徒」に襲われ、団長は死亡し、死体の収容も許されなかったという。一行は在留日本人会吉林難民収容所に収容され、その後、撫順炭鉱大山収容所に移動したが、寒さや発疹チフスにより、多くの者が亡くなった。勤労奉仕隊員のうち、故国に帰り着いたのは三三人であったと報告されている[89]。

広島県は上金馬川と含路口に報国農場を設置していた。前者は県が設置した報国農場であり、後者は農業会による設置であった。

上金馬川報国農場は、広島県世羅郡の一三町村による分郷計画によって作られた上金馬(世羅村)開拓団に併設されたものである。『満洲世羅村開拓史』[90]によると、一九四三年四月に先遣隊五〇名が派遣されて農場建設にあたり、一〇月に落成式を行っている。初年度は男ばかり一七六名が派遣された。四四年は平田資料によると、男一四三名、女三五名の計一七八名、終戦の年は男五四名、女二五名の計七九名が派遣された。

彼らが敗戦の事実を知ったのは八月一八日であった。「匪賊」に襲われたり、ソ連兵に慰安婦の供出を迫られたり、八路軍に参加を要請されたりしつつも、維治会を結成して防御に当たり、逃避行を共にした七九名の内、病死した二名を除いて、一九四六年一〇月二三日に博多港に上陸したと書かれている。

含路口報国農場については、関係者の回想録や証言集には接することができなかったが、平田資料によると、一九四四年には男六九名、女一九名の合わせて八八名、四五年には男一一名、女九名が派遣されていたとされている。水田はなく、畑が八〇ヘクタールあり、野菜の耕作に従事していたようである。『嗚呼　満州東京報国農場』には広島報国農場の二六人が長春に避難していたことが書かれている[91]。長春では広島県人会の活動が盛んであり、越冬中の死者は、他の農場に比較すると少なかったようである。平田資料によると、一九五二年一月一六日現在で、死没者四名、未帰還者二名となっている。

高知県飲馬河報国農場は、第一三次大土佐集合開拓団の中に設置された。『高知県満州開拓史』によると、「昭和十八年農業者の県下的な組織である高知県農業会では、役員会を開いて在満報国農場の設置について横川久衛会長、山崎正辰副会長、高野健介専務理事、その他役員らで協議の結果、吉林省九台県飲馬河地区に県農業会直営の報国農場を開設することになった。農場の収容人員は男子二〇〇名、女子一〇〇名計三〇〇名とし、約二、三カ月間の交替制で奉仕隊員を派遣、食糧増産に挺身したのである。場長は山岡数郎氏であった」とある[92]。平田資料では一九四四年の派遣人数は男二四二名、女五三名、計二九五名、一九四五年は男二九名、女一二七名、計一五六名であった。

一九四五年は飲馬河が大氾濫を起こし、「増水で湿地といわず、道路といわず、田といわず、畑といわず井戸といわず便所といわず、一面の泥海と化し、大正第二部落の如きは家屋の集団地を残し周囲の耕地全部は水底に没し、恰も大海中の孤島のようになってしまった。そしてこんな状態は七月、八月、九月に入るまで続き交通は中絶の状態となり大土佐開拓団本部、保険団第一第二部落間とも交通が杜絶して連絡もとれなくなった」ほどであった。ソ連参戦時も「老幼婦女子の歩行引揚避難は全く見込がたたず、当分の間、飲馬河の減水と旱天を待たざるを得なかった」という状況で、九月になってから新京へと避難した[93]。

新京では高知県民会の活動が盛んで、土木業を営んでいた東又出身の本越浅海氏による野菜、大鍋、大釜、被服、食糧の寄贈、銭高組工事長であった幡多郡出身の岡林優氏による金品の差し入れと職業斡旋、満洲特別建設団理事長であった安芸町出身の近藤謙三郎氏の物品寄贈など、在新京高知県人会によって越冬生活の支援を得ることができ、他県の報国農場団員と比べて越冬中の死者数が圧倒的に少なく、『嗚呼　満州東京報国農場』の朝倉氏の記述では、長春に避難していた満洲報国農場隊員一七八名中、亡くなったのは四名となっている。

▼四平省にあった報国農場

山形県劉美報国農場・大分県佐伯報国農場

山形県劉美報国農場というのは、第一〇次劉美最上郷開拓団に勤労奉仕に来ていた男一名、女一三名を指すのではないかと考えられる。この開拓団があった南満地区ではソ連軍の侵攻による直接的な被害はなく、国民政府軍と中共軍との政権争奪による戦闘はあったものの、治安については大きな混乱はなかったようである。『山形県史　本編　四　拓殖編』には、開拓団の土地は接収されたものの帰還命令があるまでは現地に留まって営農に従事してもよいとのことになり、そのまま団に留まって原住民と提携して治安にあたりながら越冬したこと、葫蘆島から乗船し帰国する際、船内で発疹チフスが発生したため、佐世保港に入港したものの約一カ月間上陸できず、その後博多港に回航されて上陸したことなどが記されている[94]。八七九名いた開拓団員のうち、引揚途中の死亡者一六二名、未帰還者四名、帰還者は六九九名であった。

大分県佐伯報国農場は、九州地方としては最初に創設された事例である。後藤嘉一は「九州七ケ村ブロック分郷　大分県南海部郡「満洲佐伯村」」という論攷の中で、「天草女」や「島原女」など日本海沿岸の福岡、長崎、熊本の九州女性が盛んに大陸に進出しているのに対し、九州男児の満洲進出が極めて低調であることを悲嘆して、その理由を次のように分析している。

> 東北地方の如きは昭和七年の冷害凶作や九年の大雪害などを受けたら最後、直ちに農民は飢餓状態に突き陥される。所が昭和十四年の北九州の致命的大旱魃に際会しても、北九州農民は飢餓状態にまでは至らなかった。〔略〕一農民をつかまへてその心境を聴いて見ると、『どうせ米は穫れないし、田に手入れする必要がなく、安心して炭鉱に働きに出られるから懐工合は却つて良いですよ』と答へた。私は啞然とした。
>
> 九州の全農民が皆んなさうであるとは云へないまでも、大部分はこの答への通り、旱魃で稲は全滅しても、実際の生活の脅威は受けて居ないのぢやなからうか。こうした特殊農業地帯に、耕地拡充の為め過少農を整理して満洲に分村を作る！　など云ふ指導原理は馬の耳を撫でる春風程も響かないであらう[95]。

こうした中、農会が熱心に分村指導を行い、遂にできたのが七カ村連合の満洲佐伯村であった。「国の強い要請によって」佐伯報国農場が設立された経緯については矢野徳弥[96]『満州佐伯村おぼえ書き　第十次昌図佐伯開拓団史』に詳しく書かれており、農場長は佐伯開拓団長の矢野武吉が兼務、庶務主任には矢野農場長の小学校時代の学友である大竹伝が採用された。平田資料によると、終戦の年に派遣されたのは一二七名で、そのうち六一名が死亡し、二七名が未帰還となっている。佐伯農場の場合、ソ連侵攻以前にも、次のような事件が起きていた。

七月一八～一九日、新京で全満の農場長会議が開かれ、緊急措置として「農場隊員は身分を徴用の扱いとして残留させることとし、原則としてその帰国を認めない。ただし病弱の者、農家の跡継ぎなど特別の事情のある者は、この際帰国させる」という方針が示された。「戦争の終わるまで、内地には帰さない」という決定は、若い隊員たちにとって衝撃的なニュースとなったが、「一部の者の帰国を認める」不公平さがまた大問題であった。農場では人選に苦慮し、対象を女子だけにしぼり、家庭の事情、健康などの条件を検討して割り当てられた一二名の帰国者を決め、七月の終りに、駅前の弁事処に移してここで待機させた。ところが、帰国の人選に洩れた県南出身の女子隊員の一人が、前途を悲観して自殺するという不幸な事件まで発生し、隊員たちをこの上なく不安、動揺に陥れたのである。

奉天省にあった報国農場

長野県三台子報国農場

長野県三台子報国農場は、転業帰農集団分町移民による第一〇次三台子小諸郷開拓団の地区内に設置されていた。『長野県満州開拓史　各団編』は三台子報国農場について、以下のように記している。

小諸町では、国の食糧増産の要請にこたえ、小諸郷の地区内に報国農場を設置することとし、昭和十八年に先遣隊二二人を現地に送った。翌十九年には、第一次本隊一〇〇人が渡満し、十分に目的を果して、数人の越冬隊員を残して全員が帰国した。二十年には、第二次本隊として三〇人が、三月十四日に小諸駅を出発した。引率者は小諸町役場の矢ヶ崎宇一郎で、ほかに小諸・岩村田の青年学校から二人の女教師も指導員として加わった。隊員は男子七人、女子二〇人で、小諸町と近在の小学校を出たばかりの者と、青年学校在学中の者ばかりであった。一行が農場に到着したのは三月末で、まだ農耕には間があり、越冬していた場長甘利重松ら先輩の指導を受けながら、家屋の修理や家畜の世話などの作業をはじめた。家畜は日本馬が二頭、ろ馬二〇頭、満州馬五頭、朝鮮牛三〇頭、豚三〇匹、鶏三〇羽であった。建物は、宿舎・炊事場・食堂・浴場・物置・畜舎・貯蔵庫などで、いずれも在来の土壁の草葺き屋根の建物であった。畑は二、三〇ヘクタールあって、大・小豆・高粱・包米・粟といろいろな野菜作りで、自給自足を建前としていた。農場の奉仕隊員は、越冬隊一五人、新規入植が三〇人合計四五人で、終戦時まで蚊やあぶ・ぶよと戦いながら農耕に従事した。終戦直前の大動員で男子はほとんど兵役に徴集され、女子は一二人が終戦後八路軍と共に紡績工場で働かせられて、二十八年から三十年近くまで中国に残留し、各地を転々してやっと帰国した。団員中入植間もなく病気になって帰国した者もあって、終戦時は在籍団員は四一人であった。そのうち五人が死亡し三六人が長い年月を経て帰国した。(97)

▼間島省にあった報国農場

滋賀県琿春報国農場・奈良県汪清報国農場

滋賀県琿春報国農場の農場長であった辻清は「滋賀県報国農場長の回想」(98)および『琿春の青春――滋賀県満洲報国農場誌』(99)という報告書を残しており、用地の買収から農場設立、逃避行、拓魂碑の建立、農場誌の編纂までの経緯が実に詳細に綴られている。滋賀県の報国農場は開拓団に併設されたものではなく独立した農場であったのが特徴である。農場用地の買収場面の描写はあまりにもリアルで、情景が彷彿としてくる。半月後に到着予定の先遣隊三〇名の住む場所がなく、満拓の経理員と琿春県の警務課長などが報国農場長である辻氏とともに、原住民の家を一軒一軒物色したのである。

原住民には用件を話さない、黙って彼らの暮しているところに、入りこんで、じろじろと眺めまわした揚句、

「どうですか、この家は……買いますか?」

と、辻氏に訊く。辻氏が、うんと肯くと、早速買収交渉が始まるわけである。

拓植公社の経理員が、得意の算盤を眼の前で弾いて、坪いくら、家居いくら、とたちまちに評価額を出してしまう。そして、

「これで売ってほしい」と持ちかける。

それが、どういう基準に依った評価額かわからないが、恐らく、当時としても最高値というものではなかったろう。

仮りにその価格が適正なものであったとしても、原住民は、売ることを拒んだであろう。二月下旬、まだ風雪の舞い狂う満洲の大雪原である。

家を奪られて、そのただ中に抛り出されては、家族たちはどうして生きて行けばいいのか〔略〕〔原住民たちが〕、必死に家を奪られまいとしたのは当然で、買収価格をつりあげるために、土地計画法の前に居直る人たちとは、わりが違うのである。

泣き喚いて、土間に土下座して頼む姿は、まことに哀れであった[100]。

辻農場長は第二次隊員を迎えた一週間後に応召したため、ソ連侵攻後の逃避行は、中西利弘庶務主任および第二次隊を引率してきた滋賀県青年学校の神戸幸子教諭が責任者となった。二人の統率のもと、八一名の隊員（男子三七名、女子四四名）は農場を離脱後、間島、吉林に逃れ、一九四六年一〇月二二日、途中で亡くなった八名の遺骨を抱いて帰国した。大津駅に着いたとき、母県の関係者は誰一人出迎えなかったとのことである。辻氏によると、滋賀県琿春報国農場の犠牲者が他の農場に比べて少なかったのは、当時二四歳であったにも拘わらず、見事な統率力を発揮した神戸幸子教諭、ならびに吉林軍治部による救援活動を橋渡し依頼してくれた阪東佐市氏に負うところが大きかったという。なお、二〇一四年には滋賀県平和祈念館において「憧れの地　満州　滋賀県満州報国農場を舞台に」という企画展が半年に亘って行われ、また「しがけんバーチャル平和祈念館」には逃避行の指導者としての役割を果たした神戸幸子氏の個人展示が公開されている[101]。後世に語り伝える活動を最も活発に行っているのは、琿春報国農場の生還者たちであり、心から敬意を表したい。

『奈良県満洲開拓史』によると、**奈良県汪清報国農場**は一九四四年に第一二次汪清芳野開拓団地区に設置され、運用については奈良県農業会に委任されていたという。(102) 初年度は、奈良県下の各市町村から約一五〇名の青年男女が勤労奉仕隊として参加したが、古川農場長代理が家庭の事情で帰国したこともあって成績不良となり、一九四五年の隊員募集が悪く、隊員数が五〇名程度だったため、先遣隊のみの運営を余儀なくされたと書かれている。日誌風に綴られている終戦前後の概況を以下に紹介してみよう。

昭和二〇年七月中旬

栄長農場長以下幹部三名、現地召集のため隊をまとめる人がいないため、無秩序状態となる。食料もない状態でもあった。

八月一八日

ソ連戦車の襲撃を受ける。兵隊、農場隊員は山に逃げる。三日後、農場に帰ってみると、生活用品をみんな盗まれて、なにもなかった。

八月二三日

農場を出発する。和清屯の現地人の厚意により牛車十台で、食料その他を貰う。病人などを牛車に乗せ、間道づたいに野宿をかさね、延吉まで送ってもらう。

八月二十六日まで芳野開拓団と行動を共にし、その後、芳野は帰団越冬したが、隊員は延吉で分散越冬した。

八月三〇日

桜井市出身の農産公社間島支社長の西尾氏の奔走により、中国人、朝鮮人の厚意により、帰国までお世話になる。

終戦時の在籍者は七〇名であったが、死亡者および未帰還者がそれぞれ六名ずつあり、帰還できた者は五八名であった。なお、『満州十津川開拓団誌』には「高給を与えて数人の指導者を配置してもなお巧く運営されていない汪清農場の実態をよく調査すべきであったし、関釜連絡船も十九年の初頭にはすでに三隻が沈没していることは満洲では知らない者はなかった。汪清農場では終戦の折は幹部は勝手に逃げて、女子隊員二十数名が置去りにされ、三十余

年経過した今日なお里帰りする人が多いのである」という内部事情が記されている。(103)

▼錦州省にあった報国農場

熊本県三安橋子報国農場

平田資料によると、一九四四年に**熊本県三安橋子報国農場**へ派遣された隊員数は一一二名であったが、終戦の年に派遣された隊員数は男子のみ三名であった。『曠野の栄光と挫折　熊本県満蒙開拓団の全記録』には、「錦州省盤山県に入植した報国農場は、全満各地の報国農場と同様の主旨で入植したが、消息は不明である。恐らく、無事帰還したものと考えられる」との記載がある。(104)一九四五年七月一八日〜一九日に行われた全満報国農場長会議に熊本県報国農場長の名前がないので、終戦の年は報国農場隊としての派遣はなかったのかもしれない。

▼新京にあった報国農場

東京報国農場

東京報国農場については、朝倉康雅氏『嗚呼　満州東京報国農場』に詳細な記録がある。朝倉康雅氏はいまも現役で梨の栽培に携わっておられ、私のインタビューにも快く応じて下さった。朝倉氏は一九四五年に渡満されたのだが、農場の設立当初は、転廃業者が多かったため、生活が荒んでいた人が多く、周囲となかなか折り合いがつかないことも多かったようである。

満洲開拓総局の事務所があった新京に東京報国農場が作られたのは、「局長であった七生(村)出身の五十子巻三氏の力添えがあった」(元七生村村長の朝倉昭郎氏による)とされ、南多摩郡七生村と西多摩郡霞村の分村計画によって創設された。「爾後、企業整備による転廃業者、戦災等を受けた人が農業報国会の指導によって開拓団員、要員として移住した者を含めて成立した」という。(105)転廃業者のための帰農訓練施設（東京府拓務訓練所）も七生村に誘致されていたが[106]、やはり五十子の力添えによるものであろう。

一九四三年度および一九四四年度の派遣状況は不明であるが、終戦の年は第一小隊（七生村選出隊員：男八名、女一二名）が四月一三日に出発、第二小隊（霞村、西多摩郡および各地出陳隊員：男八名、女一一名）が四月二九日に出発、第三小隊（都内の移住者および開拓団から移行の隊員：男六名、女二名）が六月二五日発で渡満している。穫れた野菜などを新京の市場に売ったりしていたのだが、現地の小学生が除草の手伝いに来てくれたという記録も残っている。

ソ連軍の侵攻時、秋山場長、小川、佐伯の各氏をはじめ、農場幹部はみな応召しており、在場していた五二名の内、一五歳以上の男子は一四名しかいなかった。八月一六日、「暴民」により全員が捕縛されて寮舎に閉じ込められてしまったのだが、そこに満洲建国大学の法科の学生であった王発氏が現れ、「この日本人たちには罪はないのであり、この人たちを日本に送り帰してくれ。人類には国境がないのだ」と懸命に説得をしてくれたという。帰国船中で書かれた鈴木亀太郎、関塚貞雄両氏による復命書には、農場を離脱するにあたって物品を売却していた時の王発氏との邂逅について、かなり詳しく書かれている[107]。

そして、翌日の朝、二〇〇名を超える附近部落民が報国農場を襲撃してきた際、両者の間に分け入って執り成したのが、この王発氏であった。復命書は、下記のように記している。

> 王発氏の意が届きしか、幾分静まりたる時、鈴木隊長の前に来たりて、「今、彼等の言いしは、女子供の命は取らぬ、その代り農場の物資、金銭全部を提供し、速かに武装解除せよ」との要求なりしが、如何対処せるかとの問に鈴木隊長暫時黙考の後、彼等の要求に添うも、万一女子供に少しなりとも危害ありせば、我等最後の一人となるまで戦うものなり。と回答せり。
>
> 王発氏は直ちに我等の意を彼等に伝えたる処、同意を得たり。鈴木隊長自ら武装解除し、隊員一同も亦次々と武装解除をなし、彼等にその誠意を

示したるなり。

〔略〕部落民も昼間は王発氏その他の幹部の統制下に平穏なるも、夕闇が農場一帯に迫まる頃、俄かに彼等の本性を表わし、厳重に封印されたる各寮舎及び本部を打破し、我れ先にとばかり突入し、隊員の荷物等一物もなく略奪せり。農具倉庫より盛んに米俵等運び出しおる様を闇の中に判然と見えたり。四十七俵程ありし米俵も忽ちにして全部運び去られたり。然し彼等もさすが山積されし物品倉庫には手を付けざりしが、何一つ運び去るものなき彼等は、次第に物品倉庫の周囲に集まり、今や王発氏自身の危機刻々と迫り来たりしか。

「日本人に味方せる彼を殺せ」と口々に叫び乍ら、投石せる者ありて、今はこれまでと覚悟せし王発氏、最後迄固持せし物品倉庫の鍵を彼等に渡し、急拠寮舎に入り来たりぬ。

陽落ち暗き庭に火を焚き、その火明りに映える王発氏は、両手に一本宛のローソクを持し、寮舎の中央に立ち上り悲荘なる面持ちにて隊員一同に告ぐ。「我々の必死の努力遂に報われず、農場員の荷物なりとも守備せんと欲せしが、一物も残らず略奪されたり。今彼等は農場多年に亘り蓄積されし物品倉庫に狂気の如く飛び込みおり、物資の略奪中なり、今をおいて全員の脱出せる機会とて無く、早速脱出の用意をされたし。」言うか早く寮舎入り口に立ち塞がり、部落民の侵入を身を以って阻止する様は、将に生不動明王そのままの雄々しき貴き姿なり。[108]

部落民は農場の絵図面や土地、貸借関係の重要書類を王発氏に検査させたのだが、それらは「農場設立の際、敷地を強制的に買い上げたときのものであり、元の農地の所在などを知るために、必要だったのであろう」と鈴木氏は復命書の中で述懐している。

その後、王発氏は自ら逃避行を先導し、満軍第一三団本部に入り、数日後、中国軍自動車に分乗し、関東軍防衛司令部に入ることができた。帰還した秋山場長も合流し、長春（新京）に避難していた一八の報国農場を相互扶助するため在長春報国農場協会を設立し、例会、職業補導、救出、生計資金の調達、携行食の共同調整などの事業を一一月から開始した。

こうして、新京東京報国農場隊員は、五名の死没者があったものの、王発氏のおかげもあって、ほとんどが無事、帰還することができたのである。

なお、朝倉氏等は、後日、満洲を訪問して王発氏を捜したところ、戦後間もなく、中共の戦闘に巻き込まれて命を落とされたことが判明し、残された奥様にお礼の言葉をお伝えしたとのことである。

▼満洲報国農場隊員の善後処理

最後に、満洲報国農場隊員の善後処理がどのように行われたのかについて触れておきたい。実は、国会図書館や農林水産省図書館を血眼になって探してみても、一片の資料すら見つけることができなかったのであるが、農事振興会が直轄していた東寧報国農場で経理を担当されていた平田弘氏から貴重な資料を見せていただき、全容の把握に一歩近づくことが許された。平田氏は、戦後、農事振興会に就職したのだが、この組織が大政翼賛会の構成団体であった農業報国連盟の後継団体であったことからＧＨＱによって解散させられ、農林省開拓局に移籍することとなった。その結果、引揚げ対策室の主要構成メンバーであった谷垣専一、増田盛、石原治良などと同じ職場で働くことになり、廊下に積まれていた廃棄書類などから、重要なものを抜き出して保管することができたという事情をご教示下さった。詳細は、付録の平田資料をご覧頂きたい。

なお、満洲から引揚げてきた報国農場隊員の調査、援護および救恤を担った引揚げ対策室のメンバーのうち、谷垣専一と増田盛は、後日、国会議員になっている。谷垣に至っては文部大臣にまで出世したほどである。あの悲惨な状況を目の当たりにし、直接帰還者と接していたこれらの人物が、議員立法などの対策をまったく講じなかったのだ。谷垣は後日、「渡満した私は各方面に渡りをつけ、八月二五日に全員帰還の段取りを手配した」（傍点引用者）と回顧しているが[109]、実際には要員局による通牒にしたがって全員越冬を申し渡すために渡満したはずであり、明らかな事実詐称である。

谷垣専一の息子である谷垣禎一は前自民党幹事長

であり、増田盛の三男である増田寛也は第一次安倍政権で総務大臣を務め、先般の東京都知事選挙に出馬したことは読者のよく知るところであろう。満洲の妖怪、岸信介の孫である安倍晋三首相を筆頭に、かつての満洲支配を肯定しようとする政治勢力が、世代を超えて政界に跋扈していることに改めて注意を喚起しておきたい。そして、「国難」などという言葉が公然と使われるようになった今日、満洲を背負って生き続け、現地の人々との交流に努めてきた報国農場の生還者たちに学ぶことの重要性がいよいよ増していることを指摘しつつ、補章の拙文の結語にしたいと思う。

注

序

(1) 松永伍一編『近代民衆の記録1　農民』新人物往来社、一九七二年、一九二頁。

(2) 村尾孝『萱草の花野の果てに』京都ライトハウス、二〇一二年。

第一章

(1) 山本正也『五色の虹——東京農業大学湖北報国農場記』自費出版、一九九二年、一〇—一一頁。以下、本章では関係者による手記などからの引用については、かぎ括弧や二字下げによってあらわす直接引用箇所や特記すべき引用、図表以外は、基本的に初出時にのみ出典をしめす。また、引用する原文が旧字や旧かなづかいで表記されている場合は、新字や新かなづかいにあらためた。さらに、よみやすさのため漢字とひらがなのつかいわけを一部改変し、句読点や疑問符、感嘆符などを適宜挿入・削除した。

(2) 仲田三孝作詞、川上義彦作曲とする資料もあるが、成立事情や発表年代など詳細は不明[http://www.pictsystem.com/ijuken/always_f/uta_i/moukohourou_no_uta.html](二〇一九年三月二七日アクセス)。農大バージョンの歌詞は、中島敏之『希望に燃えて——東京農大満州農場実習の記録』自費出版、一九九〇年、一二七頁による。

(3) 足達太郎「中国・華南農村における水稲病害虫とその防除に対する農民の認識」『九州病害虫研究会報』四九巻、二〇〇三年、七一—七六頁。

(4) 大野史朗編『東京農業大学五十年史』東京農業大学、一九四〇年、一五七—一五八頁。

(5) 『満洲新聞』一九四三年九月八日、一一日。

(6) 『満洲新聞』一九四三年九月一一日。

(7) 中島『希望に燃えて』二九頁。

(8) 太田淑子『礎——北満への鎮魂歌』自費出版、一九九五年、一七—二〇頁。

(9)『毎日新聞』関西版、一九四四年八月五日。
(10)『毎日新聞』関西版、一九四四年八月六日。
(11)浅田喬二「満州農業移民と農業・土地問題」大江志乃夫ほか編『岩波講座 近代日本と植民地 三 植民地化と産業化』岩波書店、一九九三年、八〇―九〇頁。
(12)岸本嘉春「湖北農場年譜」『農大学報』二四巻三号、一九八〇年、六五―六六頁。
(13)廣實平八郎「餓じかったろう――餓死したのだ」廣實平八郎編『生還者の覚書き――東京農業大学満洲湖北農場顚末記』自費出版、一九九八年、七六頁。
(14)黒川泰三編『凍土の果てに――東京農業大学満州農場殉難者の記録』記録刊行委員会、一九八四年、六〇―六二頁。
(15)村尾孝「生き残りの記」廣實編『生還者の覚書き』九一―九二頁。
(16)『毎日新聞』一九四四年八月六日。
(17)『農大新聞』一九四七年三月二〇日。
(18)半藤一利『ソ連が満洲に侵攻した夏』文藝春秋、一九九九年、四一―四七頁。
(19)岸本嘉春「農大満州湖北農場の最後」『農大学報』二三巻三号、一九七八年、四四頁。
(20)平井豊「先発隊の一人として」池田泰三編『白樺』東京農業大学引揚学生連盟、一九四八年、二四頁。
(21)廣實「餓じかったろう――餓死したのだ」廣實編『生還者の覚書き』七七―七八頁。
(22)黒川編『凍土の果てに』一〇八―一〇九頁、平井豊「先発隊の一人として」廣實編『生還者の覚書き』六五―六八頁。
(23)加藤聖文『満蒙開拓団――虚妄の「日満一体」』岩波書店、二〇一七年、一九七―一九八頁。
(24)早川きよ(レポート)「〝将来の語り部に〟戦後世代の模索」《NHKニュース　おはよう日本》、二〇一七年五月二六日放映[http://www.nhk.or.jp/ohayou/digest/2017/05/0526.html](二〇一九年三月二七日アクセス)。
(25)黒川編『凍土の果てに』二三七―二三九頁。
(26)東京城で殉難した橋元宗曽氏の手帳(「満洲旅行記」とタイトルが書かれている。橋元宗和氏より筆者らに寄託）より抜粋。原文のカタカナ書きをひらがなにあらためため、句読点をおぎなった。

（27）太田『礎』一八〇頁。

（28）廣實平八郎編『餓了吧（オラバ）——元東京農大湖北農場訪問記』自費出版、一九八七年、三三頁。

（29）大野史朗編『東京農業大学七十周年史』東京農業大学創立七十周年記念事業委員会、一九六一年、一〇五—一〇九頁、東京農業大学創立百周年記念事業実行委員会第二部会編『東京農業大学百年史　資料編』東京農業大学、一九九四年、九七—一〇一頁。

（30）一九四八年、農林省開拓局長・伊藤佐より寺坂銀之輔（殉難した八期生・寺坂尚三氏の父）あて書状（黒川泰三氏所蔵のコピー）による。この書状の月日は空欄となっているが、冒頭の時候挨拶より一二月と推定される。

（31）池田泰三編『白樺』東京農業大学引揚学生連盟、一九四八年。

（32）黒川泰三「満洲湖北報国農場殉難学生の記録」『農大学報』二一巻三号、一九七七年、四一—四四頁、岸本「農大満州湖北農場の最後——「湖北農場年譜」六〇—六七頁、廣實平八郎「あれから三十余年」同誌二四巻三号、一九八〇年、六八—六九頁など。

（33）岸本「湖北農場年譜」六二頁。

（34）岸本嘉春「湖北農場故地訪問」廣實編『餓了吧（オラバ）』一六二—一七二頁。

（35）豊原秀和「国際農業開発学科、五〇年の歩み（上）」《ｗｅｂジャーナル》[http://www.nodai.ac.jp/journal/research/toyohara/0511.html]（二〇一九年三月二七日アクセス）。

（36）小塩海平「満州湖北農場で育まれた友情——専門部拓殖科六期生林恒生さん、廣實平八郎さんに聴く」『東京農業大学拓友会ニュース』二〇号、二〇〇四年、一—五頁、——「恩讐を越えて——専門部拓殖科二期生、石橋健次郎さんの巡礼の人生」同誌二二号、二〇〇六年、一—三頁、——「『白樺』に想う——専門部拓殖科八期生、黒川泰三氏とお会いして」同号、三—五頁。

（37）二〇一四年九月四日、農大アカデミアセンターにて筆者撮影の写真より。農場の面積が「七、五〇

○ヘクタール」となっているのは『東京農業大学七十周年史』三二七頁や同『百年史』二一七頁の記述などが典拠だと思われる。この数値の根拠は不明であるが、そもそも湖北農場の面積が正確に測量されたことはなく、太田がのべていた「七千町歩」も大雑把なものだったのだろう。いずれにせよ、この農場を大学がかつて所有していた「資産」とみなし、それを「失った」と主張していること、学生と教職員の犠牲について一切ふれていないことを問題視しているのである。

(38) 大野編『東京農業大学七十周年年史』三二七頁、東京農業大学創立百周年記念事業実行委員会第二部会編『東京農業大学百年史』東京農業大学、一九九三年、二一七頁。

第二章

(1) 近藤康男『佐藤寛次伝』家の光協会、一九七四年、三六九頁。

(2) もともと「常盤松」と書いていたが、「割れやすい皿ではなく、丈夫な石に」ということで「常磐松」と書くようになったという。井上一雄『渋谷・実践・常磐松』星雲社、二〇一七年、八頁。

(3) 大野史朗編『東京農業大学七十周年年史』東京農業大学創立七十周年記念事業委員会、一九六一年、一八二頁。

(4) 上野久『メキシコ榎本殖民——榎本武揚の理想と現実』中公新書、一九九四年。

(5) 邱帆「榎本武揚と甲申政変後の日清交渉」『駿台史学』一五七、駿台史学会、二〇一六年、一三頁。

(6) 同右、一六頁。

(7) 「座談会 満ソ国境はどうなつてゐるか」『実業之日本』実業之日本社、一九三八年一〇月、六四頁。

(8) 那須皓『惜石舎雑録』財団法人農村更生協会、一九八二年、三三三頁。

(9) 大日本農会編纂『横井博士全集 第三巻』横井全集刊行会、一九二五年、六六五頁。

(10) 大日本農会編纂『横井博士全集 第五巻』横井全集刊行会、一九二四年、一六七頁。

(11) 大日本農会編纂『横井博士全集 第六巻』横井全集刊行会、一九二五年、一三六——一三七頁。

(12) 大日本農会編纂『横井博士全集 第五巻』六一―六三頁。
(13) 大日本農会編纂『横井博士全集 第三巻』二一九頁。
(14) 大日本農会編纂『横井博士全集 第六巻』一三三頁。
(15) 佐藤寛次『先達と後進』家の光協会、一九六六年、三九頁。
(16) 近藤『佐藤寛次伝』六八―七〇頁。
(17) 同右、八一―八二頁。
(18) 日本農業新聞編『協同組合の源流と未来』岩波書店、二〇一七年、四三頁。
(19) 近藤『佐藤寛次伝』一二三―一二四頁。
(20) 二〇一八年はライファイゼン生誕二〇〇年であった。ライファイゼン系の組合の原則は、(一)一人二個以上の組合に加入することを禁じている、(二)持ち分制を排し、利益配当をしない、(三)貸付金は長期貸付とする、(四)会計を除く役員を無給制とする、(五)貸付は対人信用とし、徳を養うことを目的とする、(六)利益金が生じたときは、これを組合資本として積み立て、余裕あるときは公共事業に使うなどである。品川彌二郎や平田東助が主張したシュルツェ系の組合の原則は、(一)組合区域を制限しない、(二)出資することを原則とし、配当を行う、(三)短期融資を原則とする、(四)役員には俸給、賞与を与える、(五)金銭上の取引を主とし、手形発行、割引、信用取引の業務を営む、(六)利益金は出資額に応じて配当する、の特徴がある。ライファイゼン系の組合は農民に適し、シュルツェ系の組合は織工に適するというのが横井の主張である。
(21) 「農業の労力」軍隊農事講習『剣と鍬』所収、『横井博士全集 第六巻』横井全集刊行会、一九二五年、六〇一頁。
(22) 大日本農会編纂『横井博士全集 第六巻』二五頁。
(23) 大日本農会編纂『横井博士全集 第八巻』横井全集刊行会、一九二五年、三一七―三一八頁。
(24) 吉川祐輝『韓国農業経営論』大日本農会、一九〇四年、序。
(25) 佐藤寛次「満洲新国家の将来」『帝国農会報』二二巻四号、一九三二年四月、一〇―一六頁。

(26) 佐藤の慎重な態度を記した例としては、代々木練兵場へ都下の全大学、専門学校生を集合させる催しに対して、「学生を出さないとはいわないが、学長は代理人を差し出して自らは欠席して無言の抵抗を示し」たことなどが挙げられよう(近藤『佐藤寛次伝』三七八頁)。

(27) 佐藤『先達と後進』六二頁。

(28) 佐藤寛次、山本謙治『産業組合の経営』成美堂、一九一二年。

(29) 佐藤寛次『産業組合員精神綱領に就て』産業組合中央会、一九三九年、一—二〇頁。

(30) 佐藤寛次『吾等の信用組合を振ひ興せ』産業組合中央会、一九三二年、一—四二頁。

(31) 佐藤寛次「農業界に於ける日本主義」『大日本農会報』第四一四号、一九一五年、一—一二頁。

(32) 佐藤寛次『日本農業の特質と其の改善』財団法人文明協会、一九二六年、一七五—一七六頁。

(33) 近藤『佐藤寛次伝』一〇七—一〇八頁。

(34) 同右、三九〇頁。

(35) 杉野忠夫先生遺稿集刊行会編『杉野忠夫博士遺稿集』自費出版、一九六七年、四〇頁。

(36) 藤原辰史「学に刻まれた満洲の記憶——杉野忠夫の「農業拓殖学」」山本有造編『「満洲」——記憶と歴史』京都大学学術出版会、二〇〇七年、二九三頁。

(37) 杉野忠夫先生遺稿集刊行会編『杉野忠夫博士遺稿集』一〇頁。

(38) 橋本傳左衛門「杉野忠夫教授の追憶」杉野忠夫先生追悼文集編集委員会『杉野忠夫先生追悼文集』自費出版、一九六六年、五一頁。

(39) 同右、五二頁。

(40) 五十子巻三、楠見省吾、暉峻義等、高橋源一、杉野忠夫「満洲開拓十年史(座談会)」『満洲建国側面史』新経済社、一九四二年、三一七—三一九頁。

(41) 「背水の陣」『村』農村更生協会、一九四〇年三月号、一頁。

(42) 東寧報国農場会『東寧会報』第六号、一九八二年、一八—二〇頁。

(43) 近藤『佐藤寛次伝』三九四頁。

(44) 同右、三九五頁。

(45) 同右、四一四頁。
(46) 杉野忠夫『海外拓殖秘史――ある開拓運動者の手記』文教書院、一九五九年、七―八頁。
(47) 橋本傳左衛門「杉野忠夫教授の追憶」杉野忠夫先生追悼文集編集委員会『杉野忠夫先生追悼文集』五七頁。

第三章

(1) 小都晶子「満洲国立開拓研究所の調査と研究」(『アジア経済』五八巻一号)は、開拓研究所の詳細かつ網羅的な研究で、全体像をつかむことができる。
(2) 以前、筆者は、「もうひとつのチャヤーノフ受容史――橋本傳左衛門の理論と実践」(『現代文明論』第三巻、二〇〇二年)と、『ナチス・ドイツの有機農業』(柏書房、二〇〇五年)で橋本の農業経済理論について論じたことがある。また、加藤聖文『満蒙開拓団』(岩波現代全書、二〇一七年)は満蒙開拓団の歴史のなかに橋本などの農学者たちを位置付けており、あとで見るように、伊藤淳史『日本農民政策史論――開拓・移民・教育訓練』(京都大学学術出版会、二〇一三年)も、橋本の時流に追随する面を論じている。なお、京都大学農学部図書室には、橋本の蔵書のうち社会科学系の本を所蔵してある橋本文庫が存在し、司書の故・大月健が整理した「旧植民地関係資料」があるが、資料収集に大変役立ったことを申し添えておきたい(大月健「橋本傳左衛門と満州国関係資料」『社会システム研究』一三号、二〇〇六年)。
(3) 杉野忠夫『海外拓殖秘史――ある開拓運動者の手記』文教書院、一九五九年。
(4) 藤原辰史「学に刻まれた満洲の記憶――杉野忠夫の「農業拓殖学」」山本有造編『「満洲」――記憶と歴史』京都大学学術出版会、二〇〇七年。
(5) 杉野忠夫先生追悼文集編集委員会『杉野忠夫先生追悼文集』自費出版、一九六六年、五一頁。
(6) 渡辺庸一郎「回顧三〇年」京都大学農学部創立四〇周年記念事業会『歴史を語る』一九六四年、一〇八―一〇九頁。
(7) 『杉野忠夫先生追悼文集』五三頁。
(8) 杉野『海外拓殖秘史』三五頁。

(9) 伊藤『日本農民政策史論』二七九頁。
(10) 注(2)を参照。
(11) チャヤノフ、アレキサンダー『小農経済の原理』磯邊秀俊・杉野忠夫訳、刀江書院、一九二七年。
(12) 橋本傳左衛門『農業経営学』富民社、一九五二年、二三頁。
(13) 橋本傳左衛門「農業労働問題の特色」『太陽』第二六巻第九号、一九二〇年、一二二頁。
(14) 藤原辰史「横井時敬の農学」金森修編『明治・大正期の科学思想史』勁草書房、二〇一七年。
(15) 橋本傳左衛門「満蒙と農業移民」『エコノミスト』第一〇巻第七号、一九三二年、六六頁。
(16) 加藤『満蒙開拓団』一〇九頁。
(17) 橋本傳左衛門『農業経済の思い出』橋本先生長寿記念事業会、一九七三年。以下の情報は、「ベルリン留学とアーレボー博士」「アーレボー、ホフマン、オーウィン」の項目を参照した。
(18) 橋本『農業経営学』二〇頁。
(19) Richard Krzymowski, *Philosophie der Landwirtschaftslehre*, Stuttgart, 1919.
(20) クルチモウスキー、リヒャルト『改訂農学原論』橋本傳左衛門訳、地球出版株式会社、一九五四年。この「農学原論」は、現在の京都大学農学研究科の講座のひとつであり、京都大学の農学研究の特徴と言えるだろう。
(21) Krzymowski, *Philosophie der Landwirtschaftslehre*, S. 1.
(22) クルチモウスキー『改訂農学原論』九二頁。
(23) 同右、二九八頁。
(24) 同右、二九九頁。
(25) 橋本傳左衛門「巻頭言」『農業と経済』第六巻第五号、一九三九年、一頁。
(26) 橋本傳左衛門『東亜の開発と皇国精神』教学局、一九三九年、一頁。
(27) 同右、九頁。
(28) クルチモウスキー『改訂農学原論』六七頁。
(29) これについては筆者は、『トラクターの世界史——人類の歴史を変えた「鉄の馬」たち』(中公新書、二〇一七年)で吉岡金市の機械化擁護論との兼ね合いで論じたことがある。

(30) クルチモウスキー『改訂農学原論』三〇五―三〇六頁。
(31) 同右、三〇九頁。
(32) 横井の農学および思想の全体像について、筆者は「横井時敬の農学」（注14）で論じたことがある。
(33) 橋本傳左衛門「満洲農業と移民」『農業と経済』第二巻第四号、一九三五年四月、六―七頁。
(34) 以下、橋本『農業経営学』の二七〇―二七六頁までを参照。
(35) 同右、二九二頁。
(36) 同右、一一二頁。
(37) 同右、二五五頁。
(38) 同右、二五六頁。

第四章

(1) 藤原辰史『カブラの冬』人文書院、二〇一一年、一一頁。
(2) 山野光雄『食糧戦物語』東晃社、一九四三年、二頁。
(3) 石原治良『古稀金婚記念　治良職歴五十年』自費出版、一九九二年、五五―五七頁。
(4) 田中長茂編『皇国農民の道』農業報国連盟、一九四二年、一〇四―一〇五頁。
(5) 西垣喜代次『修錬農場』汎洋社、一九四四年、九〇―九一頁。
(6) 同右、九一頁。
(7) 同右。九四―九五頁。
(8) 田中編『皇国農民の道』。
(9) 石原治良『農事訓練と隊組織による食糧増産』農業技術協会、一九四九年、二一頁。
(10) 同右、六九頁。
(11) 同右、二八頁。
(12) 同右、三九頁。
(13) 同右、四四頁。
(14) 同右、六二頁。
(15) 西垣『修錬農場』九八―九九頁。
(16) 石原『農事訓練と隊組織による食糧増産』八八頁。
(17) 同右、九〇頁。
(18) 石黒忠篤「農業報国運動と食糧増産隊」『村と農

政』農業報国会、第六巻第四号、一九四四年、八頁。
(19) 石原『古稀金婚記念　治良職歴五十年』七三頁。
(20) 加藤完治「農兵隊と農民魂」『村と農政』農業報国会、第六巻第一一号、一九四四年、一八頁。
(21) 平川守・日野水一郎・西垣喜代次・川村和嘉治「青少年農兵隊に就て」『村と農政』農業報国会、第六巻第四号、一九四四年、二〇—二六頁。
(22) 石原『農事訓練と隊組織による食糧増産』一二五頁。
(23) 水川潔・西垣喜代次・石原治良「農兵隊訓練を見る」『村と農政』農業報国会、第六巻第六号、一九四四年、二四頁。
(24) 五十子巻三「戦ふ開拓勤労奉仕隊」『新天地』第一二号、新天地社、一九四四年、二七頁。
(25) 白取道博『満蒙開拓青少年義勇軍史研究』北海道大学出版会、二〇〇八年、二四五頁。
(26) 石原『農事訓練と隊組織による食糧増産』三八八頁。
(27) 粟根主夫「在満報国農場と米穀増産隊の最後」『あゝ満洲——国づくり産業開発者の手記(下)』満洲回顧集刊行会、一九六五年、八四三頁。この本が岸信介の編集による極めて内向けのものであることを勘案したとしても、新京で終戦を迎え、あの時の悲劇を身を以て体験した粟根主夫が、懐かしい思い出話としてのみ報国農場を語っているのは、無責任の極みといってもよいであろう。
(28)『農業報国』産業組合新聞社、一九三九年、二四—二五頁。
(29)『糧食研究』第一六六号、糧食研究会、一九四〇年、二〇一頁。
(30) 飯白和子「旧富勢村「報国農場」の研究——勤労奉仕に動員された人々と戦時下の子供たち」『我孫子市史研究』第一六号、我孫子市教育委員会、一九九八年、一九七—二二六頁。
(31) 成島勇『努力は実る 報国農場建設記』農村経済調査局、一九四一年、八八頁。
(32) 標茶町史編さん委員会『標茶町史 通史編　第二巻』標茶町、二〇〇二年、七一七—七一九頁。
(33) 寺島宣之「満洲開拓突撃隊としての報国農場の使命と概況」『農政』四(八)、農業報国連盟、一九四二年、一一八―一二二頁。

(34) 石原『農事訓練と隊組織による食糧増産』三八八頁。

(35) 小平権一『石黒忠篤』時事通信社、一九六二年、一三五頁。

(36) 石原『古稀金婚記念　治良職歴五十年』一一一―一一二頁。

(37) 石原『農事訓練と隊組織による食糧増産』一一二頁。

補章

(1)『鶴山開拓記録史』鶴山秋田県報国農場勤労奉仕隊第十三次鶴山秋田開拓団、一九八八年、二八頁および三二頁。

(2) 辻清『琿春の青春――滋賀県満洲報国農場誌』琿春の青春発行会、一九八五年、九頁。

(3) 玉置泰臣『遙かなる過去を尋ねて――「満州に棄てられた民」十津川開拓団と奈良県十津川報国農場』自費出版、二〇〇二年、二四頁。

(4) 奈良県拓友会編『奈良県満洲開拓史』自費出版、一九九六年、六一七頁。

(5)『農業増産報国推進隊東寧報国農場隊概要　第一輯』農業報国連盟、一九四二年、二頁。

(6) 石黒忠篤「拓南と拓北――満洲開拓の心構へ」『村』第九巻第七号、農村更生協会、一九四一年、七―八頁。

(7)「座談会　満ソ国境はどうなつてゐるか」『実業之日本』実業之日本社、一九三八年一〇月、七五頁。

(8) 東寧報国農場会編『東寧（東寧報国農場史）』一九九九年、五一頁。

(9) 同右、五五頁。

(10) 東寧報国農場会『東寧会報』第六号、一九八二年、三頁。

(11) 中山隆志『満洲――一九四五・八・九　ソ連軍侵攻と日本軍』国書刊行会、一九九〇年、二二三頁。

(12) 谷口信編著『綏芬河のみず音』自費出版、一九九二年、二二一―二二三頁。

(13) 東寧報国農場の沿革に関しては、『東寧報国農場隊概要』（農業報国連盟、一九四二年）および『東寧報国農場近況報告書』（農業報国連盟、一九四二年）

に詳しく、当時の農場訪問記としては「東寧報国農場より帰りて（東寧報国農場女子推進隊員）」（『農政』農業報国連盟、一九四三年、四六―五〇頁）、「東寧より帰りて」（石原治良『開拓』農業報国連盟、一九四二年九月号、五五―五七頁）および「東寧報国農場」（丸山義二『北方処女地』時代社、一九四四年）が、新京一中の生徒による逃避行の記録としては『仔羊たちの戦場　ボクたち中学生は関東軍の囮兵だった』（谷口信、読売新聞社、一九八八年）や『ソ満国境　一五歳の夏』（田原和夫、築地書館、一九九八年）などがある。ソ連侵攻後の戦闘や逃避行に関しては『東寧会報』（東寧報国農場会、創刊号〜第二八号）および『綏芬河のみず音』に詳しい。なお、東寧報国農場隊員たちは軍務に服したが、戦没者は軍人恩給や遺族年金の対象となっていないことを付記したい。

（14）嫩江県は一九四三年一月に黒河省に移管された。

（15）『満洲拓植公社特設農場勤労奉仕隊現地報告集』満洲拓植公社、康徳九年（一九四二）年。

（16）五十子巻三「戦ふ開拓勤労奉仕隊」『新天地』第二二号、新天地社、一九四四年、三〇頁。

（17）山野光雄『食糧戦物語』東晃社、一九四三年、六一頁。

（18）朝倉康雅『嗚呼　満州東京報国農場』自費出版、一九八〇年、六六頁。

（19）『秋田魁新報』「一同潑剌頗る元気　鶴山県報国農場、近況語る後藤場長」一九四三年六月九日など。

（20）『鶴山開拓記録史』二八頁。

（21）『山形県史　本編四　拓殖編』山形県、一九七一年、六七九―六八〇頁。

（22）岐阜県開拓自興会『岐阜県満洲開拓史』自費出版、一九七七年。

（23）「満洲建設勤労奉仕隊報告記」『開拓』満洲移住協会、第六巻第九号、一九四二年、五八頁。

（24）藤村三次郎「荒野の道」旧満洲国興安総省布特哈旗成吉思汗地区三戸開拓団慰霊碑建立委員会『関家三戸郷開拓誌』自費出版、一九七七年、四九―五〇頁。

（25）成吉思汗二〇会『赤い夕陽に』自費出版、一九九四年。『袖ケ浦市研究』第八号（袖ケ浦市史編さん委員会、二〇〇〇年)二九―四六頁にも「千葉県甲種食糧増産隊満州派遣隊顚末記――通称農兵隊々員の手記から」という題目で『赤い夕陽に』の要約が掲載されている。
(26) 玉置『遥かなる過去を尋ねて』。
(27) 同右、一―二頁。
(28) 群馬満蒙拓魂之塔建立三十周年記念誌編纂委員会編『群馬満蒙拓魂之塔建立三十周年記念誌 希望に満ちた満蒙開拓と終戦』自費出版、二〇〇四年、一四七―一四八頁。
(29) 同右、二〇九―二一〇頁。
(30) 同右、二一三頁。
(31) 韮塚キワ「昭和二十年満洲報国農場」埼玉県引揚者連合会『〝昭和史の鮮烈な断面〟 埼玉県引揚者の手記』自費出版、一九七四年、三五―五七頁。
(32) 韮塚つね「満洲勤労奉仕隊員の母の手紙」同右、五七頁。
(33) 高橋健男『新潟県満州開拓史』自費出版、二〇一〇年、一四六―一五一頁。
(34) 『新潟日日新聞』「本県満洲特設農場 本年は万難排し強行」一九四二年三月六日。
(35) 『青春の赤い夕陽――元満州愛媛報国農場第二次隊員の手記集』自費出版、一九九四年。
(36) 『国会画報』(一九九一年三月号、四二―四三頁)には終戦直前に撮影された愛媛県報国農場の集合写真が掲載されている。「〔西田司は〕県会議長だった父の〝遺産〟で佐藤栄作の知己を得、町長時代から田中角栄、金丸信、竹下登らの錚々と膝を交えて話をする仲だった。〔略〕国会近くの金丸元副総理の事務所には、麻雀のメンバーとして暇さえあれば顔を出している」との解説がある。ちなみに、金丸信は東京農大の出身。
(37) 西田司「報国農場の死亡隊員に補償を」『青春の赤い夕陽』三〇二―三〇四頁。
(38) 長野県開拓自興会満州開拓史刊行会『長野県満州開拓史 各団編』自費出版、一九八四年、二四六頁。
(39) 同右、三五六―三六五頁。
(40) 同右、四五四頁。
(41) 同右、四〇八頁。

(42) 福井県満洲開拓引揚者連合会『福井県満洲開拓史』自費出版、一九八一年。篠原憲司『あゝ北満の花よ(興亜報国農場女子奉仕隊と母を偲ぶ)』自費出版、二〇一五年。『あゝ北満の花よ』は、著者の母親である篠原愛子の手記『世紀の悲哀』(一九五五年)を再編したものである。
(43)『福井県満洲開拓史』七〇六頁。
(44) 同右、七四五頁。
(45) 中道等『講和記念甲地村史』青森県上北郡甲地村役場、一九五一年、三〇三頁。
(46) 古川英雄編『大光寺史』大光寺町史刊行会、一九五七年、二二六―二二七頁。
(47) 朝倉『嗚呼 満州東京報国農場』六六頁。
(48)『山形県史 本編 四 拓殖編』六八四頁。
(49) 朝倉『嗚呼 満州東京報国農場』六六頁。
(50) 根塚伊三松『北満報国農場 少年農兵隊長の手記』北国出版社、一九七五年。
(51) 同右、二七二頁。ただし、一九四五年五月二八日ジャムス駅に到着した第二次本隊のリストの中では、「故城久光君(一四才)、故城明君(一四才)、故山崎正春君(一五才)」となっている。こちらはかぞえ年による記述であろう。
(52)『夕日の墓標 富山県満蒙開拓団の記録』北日本新聞社、一九八〇年、四六一頁。
(53) 根塚『北満報国農場 少年農兵隊長の手記』二七四頁。
(54)『長野県満州開拓史 各団編』五六五―五六六頁。
(55) 同右、五六八―五六九頁。
(56) 読書村自興会『北満の哀歌』自費出版、一九五〇年、六九―七〇頁。この記録は現地指導員であった西尾春太郎氏が蒐集した資料をもとに鈴木常雄氏が執筆したものである。
(57) 島根県満洲開拓史編纂委員会『島根県満洲開拓史』自費出版、一九九一年、三九〇頁。
(58) 同右、三九一頁。
(59) 同右、七二〇―七三二頁。
(60) 原田満左右編著『拓魂』自費出版、一九六六年、一三〇頁。
(61)『長野県満州開拓史 各団編』四一七頁。
(62) 同右、五七四頁。

(63) 長野県開拓自興会満州開拓史刊行会『長野県満州開拓史　総編』自費出版、一九八四年、五九一―五九二頁。
(64) 桑折町史編纂委員会『桑折町史』第二巻、桑折町史出版委員会、二〇〇五年、六九九頁。
(65) 五十子「戦ふ開拓勤労奉仕隊」二八頁。
(66) 『長野県満州開拓史　各団編』八三七頁。
(67) 佐藤明夫『戦争動員と抵抗　戦時下・愛知の民衆』同時代社、二〇〇〇年。
(68) 五十子「戦ふ開拓勤労奉仕隊」二九頁。
(69) 土居春子「丸坊主の青春」『香川の開拓者たち　満州国牡丹江省寧安県東京城鏡泊湖第十次半截溝香川郷開拓団と報国農場勤労奉仕隊の人々』成光社、二〇一三年、五四―五六頁。
(70) 五十子「戦ふ開拓勤労奉仕隊」二八―二九頁。
(71) 向井梅次「牡丹江省樺林開拓団の記」『研究論集』第一四巻第四号、高岡高等商業学校研究会、一九四二年、一三三―一四九頁。
(72) 「満洲分村後の農村更生　再編成された香川県栗熊村」『開拓』満洲移住協会、第五巻六月号、一九四一年、四二―四六頁。
(73) 『山形県史　本編　四　拓殖編』七五六―七五七頁。
(74) 『長野県満州開拓史　各団編』五八二頁。
(75) 同右、五〇二頁。
(76) 同右、一七八頁。
(77) 同右、二五二頁。
(78) 『山形県史　本編　四　拓殖編』七一七―七一八頁。
(79) 清水圭太郎『駅馬開拓団史』自費出版、一九六一年。
(80) 朝倉『嗚呼　満州東京報国農場』七四頁。
(81) 同右、六八頁。
(82) 東京の満蒙開拓団を知る会『東京満蒙開拓団』ゆまに学芸選書、二〇一二年、三二〇頁。
(83) 神奈川の「満州」開拓団を記録する会『神奈川「満州」開拓団　神奈川県報国農場　清水「満州」開拓団』自費出版、一九八五年、七〇―七一頁。小山文子さんは農場から徒歩で三八度線を越え、四カ月半かかって一九四六年二月二七日に湯河原駅に到着された。「戦乱の大陸を三百里、徒歩にて在満報国農場隊員小山文子さん帰還す」と題した聞き取りが同書に掲載されている。小山さんは、当時、一七歳であった。
(84) 水落丈人『大地遥かに』文芸社、二〇〇五年、七九―八〇頁。
(85) 神奈川新聞(二〇一五年一二月八日)には「農を以て国に報ゆる」という記事で、一九四四年に派遣された市川タミ子さんのインタビューが掲載されている。
(86) 福井県満洲開拓引揚者連合会『福井県満洲開拓史』自費出版、一九八一年、七二四―七二六頁。
(87) 石原治良『農事訓練と隊組織による食糧増産』農業技術協会、一九四九年、四一五頁。
(88) 小林春雄『山梨満州開拓団小史』株式会社クラッセ、二〇〇六年、八四―八六頁。
(89)『長野県満州開拓史　各団編』四七八―四八〇頁。
(90) 世羅金馬会『満洲世羅村開拓史』出版年不明。
(91) 朝倉『嗚呼　満州東京報国農場』六六頁。
(92) 三宮徳三郎編『高知県満州開拓史』土佐新聞社、一九七〇年、八〇―八一頁。
(93) 同右、一三六頁。
(94)『山形県史 本編 四 拓殖編』七二四―七二五頁。
(95) 後藤嘉一「九州七ケ村ブロック分郷　大分県南海部郡「満洲佐伯村」」満洲移住協会『開拓』第五巻六月号、一九四一年、三六―四一頁。
(96) 矢野徳弥『満州佐伯村おぼえ書き 第十次昌図佐伯開拓団史』自費出版、一九九二年。
(97)『長野県満州開拓史　各団編』三八八―三八九頁。
(98) 辻清「滋賀県報国農場長の回想」『海外事情』一九八〇年八月号、拓殖大学海外事情研究所。
(99) 辻『琿春の青春』。
(100) 同右、五六―五八頁。
(101) http://www.pref.shiga.lg.jp/heiwa/tenji/senjyo_taiken23.html
(102) 奈良県拓友会編『奈良県満洲開拓史』六一〇―六一七頁。
(103) 岡建助『満州十津川開拓団誌』十津川村、一九八四年、八三頁。
(104) 佐藤紳二編『曠野の栄光と挫折　熊本県満蒙開拓団の全記録』熊本日日新聞社、一九八〇年、一九七頁。

(105)朝倉『嗚呼　満州東京報国農場』四頁。
(106)『東京満蒙開拓団』一八六―一九二頁。
(107)朝倉『嗚呼　満州東京報国農場』五一頁。
(108)同右、五一―五五頁。
(109)「終戦時の農兵隊と　谷垣専一氏」『農林省広報aff』一九七四年一月号、六六―六九頁。

資料　平田弘氏提供による満洲報国農場関連書類

平田弘氏は、福岡県八女農学校を卒業後、一七歳の時に指導員として東寧報国農場に派遣された。戦後、東寧報国農場の経営主体であった農事振興会に就職されたが、大政翼賛会の構成団体であった農業報国連盟の後継団体という理由でGHQによって解散させられ、農林省開拓局に移籍された。当時、同じ開拓局内に設置されていた在満報国農場隊員引揚対策事務室の廃棄書類の中から抜き出して保管されたのが以下の平田資料である。なお、翻刻に際し、明らかな誤字は直し、表記や体裁を一部整理した。（小塩）

〈資料1〉
在満洲報国農場設置要綱
（昭和十八、八、六、附農政局長通牒）

一、方針

国民生活確保の絶対的要請に応ずる為、其の応急措置として、道府県農業団体其の他、適当なる団体をして満洲国内に於ける日本内地人開拓用地中簡易に開墾耕作し得べき土地を報国農場として耕作経営せしめ以て食糧の応急増産を図らんとす。

二、事業計画

（一）報国農場

1、満洲国内の日本人開拓用地中簡易に開墾耕作し得べき相当面積を有する土地を満洲国より借用し之に内地道府県農業団体其他適当なる団体をして報国農場を設置経営せしめるものとする。

2、農耕に付ては、主として内地より派遣する勤労奉仕隊之に当るものとす。

3、勤労奉仕隊派遣人員は一場に付約百五十人とす。

4、耕作面積は一場に付、差当り三百陌〔ヘクタール〕とす。

5、増産すべき作物は原則として水稲、大豆、麦類、及び蕎麦とするものとす。

6、報国農場用地の選定、宿舎の準備、耕地の開墾等に関しては、満洲側各機関に於て之を援助するものとす。

7、農具、種子、家畜、食糧等営農上及生活上必要なる物資の調達は満洲国に於て斡旋するものとす。

(二)勤労奉仕隊の派遣

1、報国農場に派遣すべき勤労奉仕隊員は一般男女青壮年とし一場を単位として五十名毎に小隊を編成し、之に小隊長を配置し、別に之を統率する隊長一名を置くものとす。

2、派遣期間は毎年四月より十一月に至る間に於て七ヶ月間とす。但し、隊員の一部を準備の為、先発せしめ、及農場管理の為越冬せしむるものとす。

3、隊員に対しては、派遣前、地方農民道場その他に於て、短期訓練を実施するものとす。

4、隊員の輸送は日満両国政府の指定するダイヤに従ふものとす。

(三)生産物

1、生産物は原則として内地に供給するものとす。

2、生産物売却代金の一部を以て隊員に手当を支給する事を得るものとす。

(四)指導及監督

本事業に付ては日満両国政府之を指導監督するものとし、農業報国連盟、満洲移住協会、満洲拓殖公社等之を援助するものとす。

(五)日満両国政府の補助

1、農林省は隊員費、指導員費、営農費、事務費に対し、補助するものとす。

2、満洲国政府は隊員宿舎費、隊員食費等に対し、補助するものとす。

〈資料2〉
在満洲報国農場経営上留意すべき事項
(昭和一九、一、二八、報国農場協議会指示)

在満洲報国農場の経営に付ては左記事項に留意し以て食糧増産の増強を図るものとす。

一、農場機構

イ、農場機構は本部及隊に分つ。

ロ、本部には農場職員として農場長の下に最少限度庶務主任、農場主任、訓練主任、衛生主任各一名及助手(農事)若干名を置く。

ハ、隊は全隊員を中隊編成とし五十名を以て小隊、十名を以て分隊とす。
中隊長は農場長之を兼務するものとし、小隊長、分隊長は適任者を以て之に充ふ。

二、生産目標
穀菽の栽培は一人当に二陌〔ヘクタール〕以上を目標とし一陌最少限度一瓲〔トン〕の生産を確保する事。

三、営農

イ、営農は隊員の労力を主体とし、畜力用農機具を使用する農法によるものとし、輪栽式畑作及水田耕作を根幹とし、立地に応じ蔬菜栽培、乳肉兼用家畜、家禽の飼養及農産加工を適宜加味する事。

ロ、食糧、飼糧、及種子は努めて自給を図る事。

四、作業

イ、作業農場主任の指揮の下に営農計画に即応して適切に之を行ふ事。

ロ、隊員の保健衛生に注意し、作業従事人員の減少を極力少なからしめ、適材を適所に配置して能率的に作業を行う事。

ハ、作業の種類及役畜及農機具との組合せを適正にして以て作業能率を最高度に発揮する事。

ニ、耕耘、中耕及除草、刈取の作業は特に適期に遅れざる様留意する事。

ホ、収穫後必ず秋耕を行ふ事。

ヘ、役畜を最高度に利用するため常に之が飼養管理、調教馴馳及衛生防疫に周到なる注意をなす事。

五、農事教育
隊員に対して営農に関する正確なる知識を与えるため随時農場幹部、又は、適任者をして之が教育に当らしむる事。

報国農場に対する助成

一、補助金

日満両国政府は報国農場に必要なる経営に対し、予算の範囲内に於て補助金を交付するものとし、交付標準は左の通りとす。

A(一)日本側交付標準

農林省より農業報国連盟に補助し同連盟より府県同連盟支部に交付するものとす。

一、隊員費

1、隊員派遣費　隊員一人に付百五十円、但し中途交替及応援隊員に付ては、一人に付一二〇円。(内訳)旅費一二〇円、支度料二〇円、募集編成費及事務費一〇円。

2、越冬隊員費、越冬隊員一人に付三〇〇円。(内訳)手当、月五〇円五ヶ月分、視察旅行費五十円。

3、隊医派遣費、隊医及看護婦派遣に要する経費。

二、農場幹部費

1、幹部手当　農場長及農場幹部の手当は査定の上補助す。

2、引率者旅費　隊員引率者一人に付二五〇円、引率者員数は査定の上決定す。(隊長引率の場合は之を交付せず)

三、営農費

営農費は査定額の三分の一以内補助す。

1、開墾費　隊員の労力を除き特に開墾に要する費用に付査定す。但し雇用労力に依る場合は特別の事情なき限り補助せず。

2、種子費、家畜費、農具費

種子、家畜及び農具の設置費に付査定す。

B(一)満洲国交付標準(一場当り)

開拓総局より満洲拓殖公社を通じ、報国農場経営主体に交付す。

第一、創設費補助　八七、三二〇円。

(一)建築費及附属工作物施設費、五九、九七〇円、

(二)宿営用具費(寝具炊事施設)一〇、五〇〇円、

(三)防寒施設費(防寒被服及採暖施設)八、〇〇〇円、

(四)農具費、三、〇〇〇円、

(五)医療器具費、五〇〇円、
(六)夏季及冬季作業衣、五、三五〇円、
第二、経常費の(一)六、五五〇円、
(一)宿営用具費(消耗品)六〇〇円、
(二)現地治療防疫薬品費　六〇〇円、
(三)農場事務費及雑費　五五〇円、
(四)補修費(建物、工作物、機器)一、二〇〇円、
(五)採暖費　三、六〇〇円、
第三、経常費の(二)
(一)食費、隊員一人当、月平均二二〇円、
(二)支度料　隊員一人当り、二五円
(三)現地輸送費　隊員一人当、一粁(キロメートル)(往復毎)五〇銭(但、右標準は一場三分の二程度と予定し、個々の農場に付査定し、其他は概ね人員に応ずるものとし、寝具小農具等は現物補助とする予定、尚特設農場を引継ぎたる農場には創設費を補助せず)

二、隊員恤金
(日本側)
(一)在満洲報国農場隊員に対する恤金は左に依るものとす。
1、隊員死亡したる時
弔慰金最低五〇〇円、最高一、〇〇〇円の範囲内。葬祭料五〇円、遺族旅費二五〇円、(但し遺族旅費は遺骨宰領者を派遣したる場合に限る。)
2、隊員負傷を受け、又は疾病に罹り治療を受けたる時。
其実費を支給す。(但し、此の療治恤金は日本に於て治療したる場合之を支給する。)
(二)恤金申請は左に依るものとす。
1、死亡恤金の場合は死亡詳報、家族調書(家族の生計等に付詳記の事)戸籍謄本二部及遺骨宰領者の氏名を附し、府県農業報国会支部より農業報国会長宛申請するものとす。
2、療治恤金の場合は証憑書類を添え府県農業報国会支部長より農業報国会長宛申請するものとす。
(満洲側)
隊員恤金は満洲建設勤労奉仕隊恤金給付内規に依り、交付するものとし、死亡恤金は遺族に対し、公傷死五

〇〇円、普通傷痍死二五〇円、現地葬祭料一〇〇円、遺骨送還料(遺族等呼寄の場合)一〇〇円、障害恤金は、勤労奉仕の為傷痍を受け、又は疾病に罹り不具廃疾となりたる場合、その障害の程度に依り、四五〇円、四〇〇円又は一〇〇円以内、療治恤金は別表標準(略)に依り之を交付するものとす。

三、土地使用料、公租公課

報国農場用地の使用料は当分の間無償とす。地捐地費(公租、公課)は相当分を負担せしむ。

四、土地貸借

満洲拓殖公社総裁と農場実施主体なる農業報国連盟県支部代表との間に土地貸借契約書を以て契約を締結するものとす。(満拓社有地の場合)

五、農場の建設、資材生計物資の斡旋、配給、

建築及建物補修工事は満拓公社に委託し、所要資材物資は主として満拓公社をして配給せしめ、食糧は日本内地より補給する事とし、日満両国政府間に於て決定したる補給数量に基き興農部大臣は隊員一人一ヶ月当たり精米一三瓩(キログラム)、雑穀五瓩(キログラム)、計一八瓩(キログラム)を配給す(配給期間自四月、至十月、七ヶ月間)

六、建設経営資金の融通

満拓公社は報国農場の建設経営に必要なる資本金を一農場当り一〇万円を限度として経営主体なる農業報国連盟支部長(農場長に委任状交付)等に融通するものとす。

〈資料3〉
在満報国農場緊急措置に関する件
（二〇、七、一〇　要員局）

戦局の重大化に伴い、日満間の交通愈々困難の虞ある情勢に鑑み、左の要領に依り在満報国農場を整備せんとす。

一、在満報国農場の経営は之を持続するものとす。

二、本年度隊員の帰還に付ては例年通り十月に之を実施する予定なるも将来の輸送難を顧慮し、已むを得ざる事情に依り必ず帰還を要する者は、速急帰還の措置を講ずる事とし、其他に付ては予め、輸送杜絶に備え、越年を為す方針の下に至急越冬設備に着手し万全を期するものとす。

三、越冬に関しては農場内に之が施設を急速に拡充する外近辺の縁故開拓団等の施設利用を図るものとす。

四、越年隊の手当等に付ては別途考慮するものとす。

五、諸種の事情に因り越年し得ざる隊員は輸送力の現状に鑑み之が選定を最少限度に止むる如く指導し、一般隊員の帰還に先立ち早急に取不敢（七月末より八月の間に）帰還せしむるものとす。

六、早急に帰還せしむべき隊員は病弱又は戸主にして一家経営の支柱たるべき者等、家庭の事情に因り越年極めて困難なる者の内より選定するものとす。

〈資料4〉
在満報国農場隊員帰還に関する措置要綱
（二一・五・三）

一、趣旨

満洲より近く在満邦人の引揚を開始せらるる為、在満報国農場隊員を上陸港に出迎へたる上隊員帰還後に於ける援護救恤等遺憾なきを期せんとする。

二、要領

（一）本事業は農林省、及農事振興会に於て之を行ふものとする。

（二）本件の総括事務は農林省開拓局に於て取扱ふものとする。

（三）上陸各港に夫々必要なる人員を派遣して上陸地に於ける措置に当らせる。

（四）上陸港派遣に必要なる人員は農林省各課より応援する。

（五）本事業の所要経費は農事振興会に於て負担することとする。但し、農林省係員の出張に要する経費は其の係員の所属する局課に於て負担するものとする。

（六）本事業実施に際しては外務省及び厚生省と密接なる連絡を図る。

三、措置

（一）農林省に於て左記事業を遂行する為開拓局内に在満報国農場隊員引揚対策事務室を設置し之に必要なる人員を常駐せしめる。

（イ）外務省、厚生省、其の他の関係機関との連絡。

（ロ）隊員送出府県及事業主体との連絡。

（ハ）帰還したる隊員の調査、援護及救恤。

（二）上陸港に於て左記事務を遂行する為必要なる人員を派遣駐在せしめる。

（イ）帰還隊員の調査、救護等。

（ロ）農林省送出府県及其他関係機関との連絡。

〈資料5〉
在満報国農場隊員引揚対策事務室設置要領
（二一・五・一五）

一、本件事務室は開拓局内に置く事。

二、事務室に於ける主なる事務。

1、外務省、厚生省、其の他関係各機関との連絡。

2、隊員送出府県及在満報国農場経営主体との連絡。

3、帰還したる隊員の調査、援護及救恤。

三、事務室の構成

室長、農林省開拓局第一部長		西尾森太郎
〃	総務課長	山本　豊
〃	入植課長	玉柳　実
〃	管理課長	谷垣専一
〃	農林事務官	増田　盛
〃	〃	角田孟紀
〃	〃	近藤武夫
農林省開拓局農林事務官		所　秀雄
〃	〃	馬場　章
〃	〃	吉田貞治
〃	〃	矢野義郎
〃	〃	栗根主夫
〃	〃	星野光雄
〃	農林技官	西垣喜代次
〃	〃	石原治良
〃	〃	野村春二
〃	〃	柳沢晋一郎
〃	〃	陶山末男
〃	〃	佐藤秀雄
〃	〃	堀江幸比古
農事振興会	幹事	海野友文
〃	主事	早坂邦雄

〈資料6〉
在満洲報国農場隊員保険金処理要領
（二一・一一・一五）

在満洲報国農場隊員は総数四、六二二名にして農林省（中央戦時食糧増産本部）に於て第一生命保険相互会社と戦争死亡傷害保険法に基いて昭和二十年八月一日より昭和二十二年七月三十一日の期間の保険契約を締結せるものは其の内二、三三二名にして爾余の隊員は保険契約を為して居ない。然るに其の内にも相当の死亡者あるものと推定され、此等保険未加入の死亡者に対しても送出の経緯に鑑み且又保険契約を締結せる前後の事情に照して保険の恩恵に浴せしめんが為め保険金を本要領に依り処理するものとす。

記

一、農林省は保険金を保険金受取人の承諾の下に全額農事振興会へ寄附せしむるものとす。

一、農林省は、関係都府県及団体を通じ其の協力の下に保険金受取人より別紙委任状及保険金処理に関する承諾書に依り金額寄附を受けるものとす。

一、寄附を受けたる保険金は曩に満洲に送出せる報国農場隊員中死亡者に対して公平に計算配分するものとす。

一、保険金に関する事務は農林省監督の下、農事振興会之に当るものとす。

一、被保険者が直接戦争死亡傷害保険を締結せる場合は農林省に於て団体契約せる戦争死亡傷害保険契約は無効とす。

一、戦争死亡傷害保険の内、傷害の分は除外し、本要領を適用せぬものとす。

〈資料7〉
在満報国農場隊員戦争死亡傷害保険金処理細則
（二二・五・二九）

一、保険金の交付を受ける物故者の範囲
1、昭和二十年度在満報国農場隊員、幹部及其の家族で昭和二十年四月以降東海（日本海）中に死亡した者、
2、昭和二十年度在満報国農場隊員、幹部及その家族で終戦後帰還乗船中に死亡したる者及、日本上陸後一ヶ月以内に死亡した者、但し結核性の病、営養失調でない傷害の基因によって死亡した場合の者は上陸後六ヶ月以内。
二、保険金の処理時期
次の二時期に分けて処理する。
1、第一回プール計算によって保険金の交付を受けるものは（一）の該当者で昭和二十一年三月三十一日迄に保険金の請求手続を完了したもの。
2、第二回プール計算によって保険金の交付を受けるものは（一）の該当者で昭和二十二年四月一日以降、昭和二十四年六月三十日迄に保険金の請求手続をするもの。
三、第一回保険金受領総額中の一部を第二回保険金受領総額に繰入加算して、プール計算を行って第二回保険金の受領者に対して交付する。
四、保険金交付額
1、隊員及幹部を一、同家族を○・五の割合で交付するものとする。
2、隊員若は幹部を含み一家族三人以上死亡した場合と雖も五、○○○円を限度として交付するものとする。
五、保険金受領者に対する送金は各都府県（団体、学校）へ一括送金して各都府県をして保険金受領者に交付させる。

＊なお、平田資料には、下記の説明が付されている。

在満洲報国農場隊員の引き揚げが進捗するにつれて隊員の動静も漸次判明し、また満洲において、死亡した隊員の状況も確認される様になり、さきに戦時食糧増産本部をして、第一生命保険相互会社と団体契約させていた、戦争死亡傷害保険金の処理をどうするかが考へられるに至った。即ち隊員の総数は四、六二二名であるが、保険契約したものは、その当時、隊員名簿が関係県より全部送付されず。従って、送付された岡山七一名、島根一五三名、埼玉八七名、大分一〇六名、福島八名、栃木二一名、山梨二二六名、秋田九七名、富山一〇三名、新潟五一名、滋賀九四名、岐阜九一名、香川一六八名、神奈川一一三名、農業報国連盟本部一二四名、徳島八六名、東京二六三名、岩手四四名、愛媛一三二名、広島九五名、食糧営団五九名、福井一四〇名、計二、三三二名について、保険契約させたものである。又、提出された名簿でも、主として第一次送出隊員の分であって県によっては、第二次、第三次と隊員を募集送出した分については保険契約が出来なかったのである。

長野県は農林省よりの交付金をもって、第一生命保険会社長野支社と戦争死亡傷害保険契約を締結した。

ところが、保険契約できなかった隊員中にも死亡者があり、この人達にも保険の恩典に浴させるのが妥当であるとの結論に達した。さきに農業報国会（農業報国連盟の改称団体）の財産管理に便するために農業報国会の裏付団体として財団法人農業報国財団が昭和十九年十二月二十九日設立認可され田中長茂氏がその理事長として就任され、昭和二十年八月一日農業報国財団は寄附行為を改正して財団法人農事振興会となり田中長茂氏が理事長に就任された。

戦時食糧増産本部は終戦とともに解散したので旧農業報国会より引き継いだ事業は農事振興会が引き継ぐ事となったので、この農事振興会の首脳者とも協議して、農事振興会において、保険金を代理受領し、これを保険契約しなかった死亡隊員にも、このうちより支出する方法が考えられ、方針が決定されたのである。

即ち、保険金受取人からその承諾の下に保険金全額を農事振興会へ寄附させる目的で、農事振興会理事長、田中長茂氏あての保険金受取り代理委任状と、保険金処理に関する承諾書の送付を受け、農事振興会においてプール計算させる方針で、昭和二十一年十一月十四日、在満洲報国農場隊員保険金処理に関する件が決裁になったのである。

このように書類上は満洲報国農場隊員に対するいくつかの救恤措置が図られたものの、実際にはまったく何も行われなかったようで、保険金を受け取ったという実例を、私は寡聞にして知らない。このことは、石原治良が自著の中で、戦後二〇年が経つが、何ら救恤が行われていないと他人事のように書いていることとも符合している。

手記　東京農大満洲湖北農場の追憶

黒川泰三
(東京農大専門部農業拓殖科八期生)

入学式

一九四五年の東京農大農業拓殖科の入学式は異例だった。

四月一日という、これ以上はあり得ない早い日程であること、そして戦時下とはいえ入学式と呼ぶには、あまりに簡素であった。講堂などの広い教場ではなく普通校舎の一教室に集められた八期生の合格者は、互いの顔も見知らぬままに固い木製の椅子に座っていた。合格者と呼ぶにはおこがましかった。入学願書を提出したものは、五体満足でさえあれば多少の虚弱児もふくめ全員合格だったのだ。事実、この日集合した八期生の中には、肺結核の疑いのあるもの二名、黄疸症のもの一名が満洲行きの一行の中に混じっていた。

入学式には学長などはおらず、住江金之科長が型通りの挨拶をしたあと、太田正充主事からいきなり満洲農場行きの説明があった。出発は九日後の四月十日、名目は「食糧増産勤労報国隊」としての拓殖訓練実習への参加、期間は六か月だという。すでに中学二年生ごろから勤労動員の経験を持つ八期生には、農大に入学したからには、満洲であろうと樺太であろうと、海外農場実習に参加することに抵抗はなかった。出席者全員が満洲農場行を応諾した。異例の入学式の日取りは、新入八期生の満洲渡航を前提に設定されていたのだ。

父兄は我が子の大学合格を喜び、いわれるままに入学金と実習費用を農大に納めた。さらに満洲での小遣い銭として金百五十円の預かりにも応じた。第一章四一ページ図3の右下にあるのは、その時の領収証である。

四月十日、旅装を整えた十六歳から十七歳の若者たちは、東京駅へ集合するように指示されていた。つまり八期生が東京農大の門をくぐったのは、入学式の一日だけだったのだ。

極端な統制により見送り等は禁じられていたが、それでも年若いわが子を外地へ送り出すことを案じた何人かの家族が、ひそかにホームの片隅で小さく手をふっていた。

満洲へ出発

アメリカ軍の空襲におびえる汽車は定刻を一時間遅れで発車した。横浜、名古屋、大阪など大都市の駅での停車はともかく、意外な駅に停まったり、迂回進路をとったりしながら汽車はゆっくり走りつづけた。それは歌ったり騒いだりする若者たちに、恰好のスピードだったのかもしれない。

鈍行汽車が連絡船の待つ下関港へ到着したのは、東京駅を出てから丸二日の後であった。二日分の食事を用意してくるように指示されたのは、このためだったのかと学生たちは単純に解釈した。だが、引率責任者の農大学生課主任・斉藤芳郎助手は、朝鮮の首都京城までもたせるつもりの弁当を学生たちが国内で食べ尽くすとは思いもよらなかった。加えて下関港に待機している筈の連絡船が同港近辺に出没するアメリカの潜水艦をおそれ、九州博多港に停泊中との情報に接し、学生一行は博多へ移動した。このため、さらに一日を要することになり、学生たちは空腹を訴えたが、一度に七十人分の食事を賄えるところは当時なく、斉藤助手は困惑していた。とにかく船に乗って朝鮮へ渡りさえすればなんとかなる。「全員、がまんしろ」というほかはなかった。えらい人の命令には逆らえぬ習性の学生たちは空腹のまま乗船、釜山港へ向かった。

結果論だが、この時点で渡航を中止することは可能だったのである。だが斉藤助手も学生たちも、猪突猛進する以外に選択肢はなかった。後に湖北農場から途中(何故か)単身帰国した斉藤助手は、この時の禍根と反省を生涯にわたり背負うことになる。

船はアメリカ軍の敷設した機雷や潜水艦攻撃を警戒しつつ、なんとか朝鮮半島南端の釜山港に到着。ここから直ちに列車に乗りこみ満洲へ向かって北上した。

途中、首都京城でようやく二人に一個当ての弁当が支給された。つまり一つの弁当を半分ずつ食えということである。引率の補助として参加した数人の七期生たちは、新京へ着けばうまいものが喰える、ハルビンには明るいロシア娘がいる等と先輩風を吹かせていたが、まったくの当て外れだった。何故なら新京では弁当を受けとるだけの停車時間であり、ハルビンは印象的なロシア寺院の先端を眺めただけで通過したからである。歴史や小説好きの若者たちは、明治期に伊藤博文が暗殺されたハルビン駅に興味を示したが、列車がその駅を通り抜けたのは一瞬のことだった。

草原や山林中をはしりつづけた汽車が、終点の牡丹江へ到着した時、先輩たちの話は半分実現した。長い乗り換え時間を利用して、物知り顔の先輩たちと連れだって中華料理店に飛び込んだ。こんな旨いものがあるだろうか、と八期生たちが思ったのは、後にも先にも満洲ではこの時だけだった。たらふく食べた後、会計の際ずいぶん値段の高いのに驚いたが、八期生の中に規定以上の小遣いをたくみに隠し持っていた者が少なからずいたのには、もっと驚いた。

湖北まで

牡丹江市は鉄道がつくった町の典型である。すなわち東北満洲の産出物の大半が、浜綏線（ハルビン―綏芬河）と図佳線（図們―佳木斯）の二つの鉄道でこの地に集積された後、各地へ輸出される。この交通上の重要性は必然的に日本資本のぼう大な進出の対象となり、牡丹江市に投下された資本は全満洲の一割を占め、したがって残留邦人も多かった。

当市から以東は国境特別警備地区になるということで、担当軍の幹部なる将校から、入植の心構えと称する訓示を長々と受け、学生たちは予想以上の国境のきびしさを肌身に感じとった。

牡丹江市から最後の中継地点である虎林線（虎頭―林口）上の東安までは半日旅程であった。東安駅頭には農大農場の責任者の一人である、佐久本嗣秀副農場長が出迎えており一行は目的地近しの感を抱く。佐久本助手は厳密には農業拓殖科の一期生であったが、在学中に兵役に服し卒業は四期となっていた（戦後の調べで、一期にも四期にも佐久本の名前は無く、なにか事情があったのかも知れない）。濃いヒゲ面に太縁のメガネをかけ、がっしりとした体軀の満洲浪人然とした偉丈夫であった。空腹を満たされた学生たちは、礼儀正しい挨拶を忘れなかった。

この東安が、農大農場に最も近い北辺の中都市であると同時に、東安省の省都であった。駅頭には日本軍兵士の往来が事のほかはげしく、辺境都市の中でも要地に位置付けられていることを感じさせる。事実、東安省の東北辺は延々とソ連国境に面しており、東安を軍事都市化するために同市郊内外にわたり、精鋭を誇った日本関東軍の諸施設が着々と設営されつつあった。

当時、日ソ間には中立条約が締結されていたが、ソ連を仮想敵国として成長した日本関東軍の動静に象徴されるように、当市は国境の沿線要衝地と考えられていたのだろう。実際、この年(一九四五年)の四月五日に、ソ連側より日ソ中立条約を「延長せず」との一方的通告を受けていたのである。

東安でさらに一日を過ごした一行は、ついに最終目的地である東満総省密山県東光村に所在する東京農大湖北農場に向けて出発した(一九四三年には東安省は牡丹江省などと合併し、東満総省と改称されていた)。虎林線の鉄道は穆稜河(ムーリン)にほぼ平行して走る。南には大湿原が広がり、その湿地を総括するような広大な興凱湖につづく。東安から四つ目の湖北駅に着いたのは夕闇の中。駅と呼ぶから駅なのだろうが、実は信号所に過ぎなかった。だから駅務員はおらず、かわりに鉄道守備隊が駐とんしていた。

漆黒の大地に降り立ったとき、学生たちは国境の村の淋しさに直接ふれた思いであった。

農場に到着

暗闇のはるか彼方に、しらぬ火のような灯がチロチロと見えかくれしている。湖北駅から暗夜を歩行すること三時間余、道はなく湿地帯である。

この湿原は凍結した大地が温暖とともにゆるみだしたもので、湖北駅や農大農場が、やや小高い高地を選んでいるところから十五キロに及ぶその道程は、勾配の底辺にあたる。大自然が形成する地形であるから、ちょっとやそっとのことでは人工道はつくれない。

介添に同行している七期生は、いく度かこの間を往復した経験があるはずなのだが、夜道の大湿原の中では彼らにも確かな通路を発見する自信がないようだ。ただ前方に見える小さな灯りと満天の星がちかちかとまたたく光を頼りに、おのれの定めた方角を目指して歩くしかない。緊張している一行には、しかし意外なほど苦痛感はなかった。雪解けの水の中にすっぽりと足を踏みいれているにもかかわらず、寒気すら感じなかった。

前方のしらぬ火が、しだいに大きく見えてくるのに比例して湿地はだんだん深味を増し、膝から腰までをぬらし、ついには胸もとまで達した。あるいは途中を流れているという小川の中に入ってしまったのかもしれない。一行は荷物を頭上に支え、もくもくと前進する。ようやく湿地を脱した、と思った瞬間、目前に巨大なたき火が出現した。

着いたのだ。農場到着である。遠目にしらぬ火のように見えたこの巨大なたき火は、前年より越冬滞留中の先輩学生たちが、遠来の新入八期生一行を迎えるために目標がわりに燃やしつづけた〝火の嵐〟だった。その火明りに照らし出された先輩連中のヒゲ面は、赤鬼のようにテカテカと光っていた。赤鬼たちは顔中に白い歯を見せ、それがせいいっぱいの歓迎の声をあげた。「うおーすっ」という馬鹿でかい声ほど頼りがいのあるものはないと八期生たちは思った。

時に四月二十一日深夜、まさしく東京農大満洲農場へ到着したのである。東京駅を発ったのが十日、したがって足かけ十二日間を要したことになる。疲労の限界にあった一行は案内された宿舎に入ると着のみ着のまま、文字通り泥のように眠りこんでしまった。

湖北農場での食生活

八期一年生の食生活は貧困であった。

前年の七期生の時までは、作業の苦労はあったが食糧は潤沢だった。経済も比較的余裕があった。しかし、翌年になると事態はひどく悪化した。

報国農場に対しては、主食の米や味噌、そのほかの生活に必要な物資が満洲国政府傘下の開拓総局から配給されることになっていたが、農大農場に届かなくなったのである。配送途中で食糧とわかると軍や駅で素抜かれるのだ。

それだけではない。八期一年生は内地で出発前に、実習費用を納付したが、その際、「満洲生活での小遣い」として当時の金で百五十円を大学に預けた。盗難や不要の支出を避けるためだったそうだ。しかしそれは、農場到着の前にも後にも一円も引き出せなかった。

前年までは可能だった近隣の日本開拓団への食糧の買い出しも、ことわられることが多くなった。軍や警察による徴発が頻繁になったためである。

なかった「夢とあこがれ」

一九四三年と四四年に入学した六期生、七期生と四五年入学の八期生との間には、客観情勢もさることながら、学生の考え方そのものに大きな違いがあった。六、七期生にとっては確かに「夢とあこがれ」に満ちた満洲行だったが、八期生にはそんなものは何もなかった。ただ「行け」といわれれば「はい」というだけ。入学式後、授業は一日もなく満洲へ向けて出発したのは前述の通りである。六期生はすでに一年時に樺太農場に実習経験があり、七期生は入学後一学期の授業経験があり、両期生とも満洲行に当たっては、交通も食事情も支障するところは全くなかったのである。だから両期生が余裕をもって農場へ到着したのに要した日程は六日間、それに比し八期生は東京駅を発して湖北農場へ着くのに無駄な待機を重ね、十二日間という日時を費やしている。加えて八期生が農場へ到着した時点ですでに食糧が不足していたこと、八期生の中には比較的に身体の弱いものが数名いたこと等は六期生の岸本嘉春の「湖北農場の年譜」に記された通りである。

常磐松開拓団

ソ連参戦をうけ、避難をきめた湖北農場では、老人や子どもをかかえた常磐松開拓団全員を、楊崗の開拓民連絡所へ向けて先行避難させた。この集団は東京都内の空襲被害者たちで、適当な避難先がなく、都が農大の満洲農場付きの常磐松開拓団に応募させたものである。したがって組織も指導者もなく、いわば寄せ集めの集団であった。

そのため避難行動も一致せず、途中でばらばらになったが、のちに数名が後発の農大学生隊と一緒になった。それも次第に離脱することになり、はっきりとした消息を知るものは、ひとりもいなくなった。

戦後内地へ生還したものが数名いるものの、報告らしい報告はなく、厚生省の開拓団消息簿には「常磐松開拓団―不明」と書かれたままである。

農大生の渡満は避けられなかったのか

一九四四年六月、アメリカ空軍のB29が中国基地から北九州を空襲したのを皮切りに、太平洋戦争は、日本軍の敗勢は拍車がかかった状態であった。米軍の日本本土上陸を想定し「竹やり訓練」が盛んに実施された。これを毎日新聞が「竹やりでは間に合わぬ」との記事にしたところ、これを見た東条首相が激怒、発禁処分にするという事件があった。つまり、この時点で島国の日本から外に出るために必要な海の支配、制海権は、ほとんど失われていたのだ。こういう事態になって満洲行という渡航を実施することに危険を認識していた人がいたと思われるが、東京農大の職員も教員も学長ですら、渡航を抑制することがなかった。これらのことは四月に出発した一次隊、六月に出発した二次隊、太田主事が同行した三次隊に共通していえる。はたしてこれが、結果論といって済まされることだろうか。時の経過は戦争という事実を無視できなかった。参考までに当時の太平洋戦争前後の推移を探ると次のようになる。

一九四一年七月　日本軍が南部仏印に進駐を開始したため、報復としてアメリカが在米日本資産の凍結や石油禁輸（ABCD包囲網）などを実施する。
同年十二月　太平洋戦争開戦。日本軍は電光石火の勢いでマレー半島上陸、ハワイ真珠湾奇襲攻撃、香港占領。
一九四二年一月　日本軍マニラ占領。
同年二月　シンガポール占領。
同年三月　ラングーン占領。日本軍の勝勢が続いたのは、おおむねそのへんまでだろう。
同年六月　ミッドウェー海戦、日本海軍は潰滅的な敗北を受ける。
同年八月　アメリカ軍ガダルカナル島にて強力な反攻を開始する。
同年十二月　ニューギニアのバサブアで日本軍敗北。玉砕。「玉砕」はおおむね全滅を意味した。

一九四三年一月　ニューギニアで日本軍敗北。
同年二月　ガダルカナル島撤退。
同年五月　アッツ島日本軍玉砕。
同年十月　神宮外苑競技場で学徒出陣。
一九四四年六月　米軍Ｂ29、中国基地より飛来、北九州を空襲する。マリアナ沖海戦で日本は全面的に敗北。
同年七月　サイパン島玉砕。東条内閣は総辞職するが後継の小磯・米内内閣も又、陸海軍内閣だった。
同年八月　連合軍の日本本土上陸を想定し竹やり訓練など国民総武装を決定。
同年十月　レイテ沖海戦で神風特別攻撃隊が初出動（体当たり、つまり死にに行く）。
同年十一月より十二月にかけて、東京が空襲を、名古屋が初空襲を受ける。
一九四五年二月　米・英・ソ三国ヤルタ会談。
同年三月　東京、大阪大空襲。硫黄島日本軍玉砕。
同年四月一日　米軍が沖縄本島に上陸。（この日、東京農大専門部農業拓殖科八期生入学式、十日に満洲農場に向けて一次隊が出発したのは前述の通り）
同年五月　名古屋大空襲。同盟国ドイツが連合軍に無条件降伏。
同年六月八日　最高戦争指導会議で本土決戦方針を採択。（満洲農場へ向けて二次隊出発）
同年六月十九日　沖縄戦線で「ひめゆり部隊」が集団自決する。
同年六月二十三日　沖縄守備隊全滅。
同年七月　米・英・ソ三国ポツダム宣言を発表。
同年八月六日　広島に原爆投下。
同年八月八日　ソ連対日宣戦布告。満洲へ侵入する。（太田主事引率の三次隊、常磐松開拓団ら牡丹江まで到着する）
同年八月九日　長崎に原爆投下。
同年八月十四日～十五日　ポツダム宣言受諾、天皇終戦の詔勅、玉音放送。
同年九月二日　日本降伏調印する。

この手記では、さらに東京農大専門部農業拓殖科八期生の過酷な実体験を記す予定でしたが、学生にはそれぞれ個別の体験があり、それらをとりまとめた『凍土の果てに』（記録刊行委員会、一九八四年）につながることになります。それはまた別の機会にご覧いただくこととし、ここでいったん休止します。

主な参考文献

本書執筆に際して直接に参照・引用した文献については注に掲げた。ここでは、満洲報国農場や本書を理解する上で参考となる文献を紹介したい。


青木冨貴子『731――石井四郎と細菌戦部隊の闇を暴く』新潮文庫、二〇〇八年。

井出孫六『終わりなき旅――「中国残留孤児」の歴史と現在』岩波現代文庫、二〇〇四年。

伊藤淳史『日本農民政策史論――開拓・移民・教育訓練』京都大学学術出版会、二〇一三年。

岡川栄蔵『満洲開拓農村の設定計画』龍文書局、一九四四年。

小熊英二『生きて帰ってきた男――ある日本兵の戦争と戦後』岩波新書、二〇一五年。

加藤聖文『満蒙開拓団――虚妄の「日満一体」』岩波現代全書、二〇一七年。

加藤陽子『満州事変から日中戦争へ』(シリーズ日本近現代史⑤)岩波新書、二〇〇七年。

上笙一郎『満蒙開拓青少年義勇軍』中公新書、一九七三年。

小林弘二『満州移民の村――信州泰阜村の昭和史』筑摩書房、一九七七年。

近藤康男『近藤康男　三世紀を生きて』農山漁村文化協会、二〇〇一年。

坂部晶子『「満洲」経験の社会学――植民地の記憶のかたち』世界思想社、二〇〇八年。

澤地久枝『もうひとつの満洲』文春文庫、一九八六年。

白取道博『満蒙開拓青少年義勇軍史研究』北海道大学出版会、二〇〇八年。

陳野守正『凍土の碑――痛恨の国策満州移民』教報ブックス、一九八一年。

――『教科書に書かれなかった戦争Part 6　先生、忘れないで!――「満州」に送られた子どもたち』梨の木舎、一九八八年。

瀬戸口明久『害虫の誕生――虫からみた日本史』ちくま新書、二〇〇九年。

高橋泰隆『昭和戦前期の農村と満州移民』吉川弘文館、一九九七年。

中国引揚げ漫画家の会編『ボクの満州――漫画家たちの敗戦体験』亜紀書房、一九九五年。

常石敬一『七三一部隊――生物兵器犯罪の真実』講談社現代新書、一九九五年。

東京帝国大学農学部農業経済学教室『分村の前後』岩波書店、一九四〇年。

永雄策郎編『満洲農業移民十講』地人書館、一九三八年。

農村更生協会編『皇国農民の道』朝日新聞社、一九四一年。

農林省経済更生部編『新農村の建設――大陸へ分村大移動』朝日新聞社、一九三九年。

藤原辰史『稲の大東亜共栄圏――帝国日本の〈緑の革命〉』吉川弘文館、二〇一二年。

――『戦争と農業』インターナショナル新書、二〇一七年。

――「横井時敬の農学」金森修編『明治・大正期の科学思想史』勁草書房、二〇一七年。

細谷亨『日本帝国の膨張・崩壊と満蒙開拓団』有志舎、二〇一九年。

松野傳『満洲開拓と北海道農業』生活社、一九四一年。

満州移民史研究会編『日本帝国主義下の満州移民』龍渓書舎、一九七六年。

安冨歩『満洲暴走　隠された構造――大豆・満鉄・総力戦』角川新書、二〇一五年。

安冨歩・深尾葉子編『「満洲」の成立――森林の消尽と近代空間の形成』名古屋大学出版会、二〇〇九年。

山崎豊子『大地の子』(上・中・下)文藝春秋、一九九一年。

山田昭次編『近代民衆の記録六　満州移民』新人物往来社、一九七八年。

山室信一『キメラ――満洲国の肖像　増補版』中公新書、二〇〇四年。

山本有造編『「満洲」――記憶と歴史』京都大学学術出版会、二〇〇七年。

ヤング、ルイーズ『総動員帝国――満洲と戦時帝国主義の文化』加藤陽子他訳、岩波書店、二〇〇一年。

横山敏男『満洲水稲作の研究』河出書房、一九四五年。

あとがき

ミレーが描く農民は暗く厳しい表情をしているが、いま涙をもって種を播くことが、来たるべき収穫の喜びに結びつくのだという力強い確信に満ちている。私が農学を志したのは、このような農の営みの中に、人間の限界とともに将来の希望を見出し得るのではないかと思ったからだ。太陽と土と作物・家畜を前にして、人は己の小ささを悟るとともに、与えられる応分の恵みに感謝せざるを得ないのではないか。そこには国籍も、差別もなく、豊作の時には分かち合う喜びが、そうでないときには、励まし合い、慰め合う隣人愛が横溢するのではないか。そんな風に思っていた。

しかし、ビジネスや戦争に取り込まれると、農業はたちまち取引や搾取の道具へと変容する。人を生かすための食物が戦略に用いられ、農民たちはまるで消耗品のように出征していく。近隣諸国は植民地化され、宗主国にはブラックホールのようにあらゆる富が吸い寄せられる。太平洋戦争末期、日本に「外米」を供出したヴェトナムやインドでは数百万人に及ぶ餓死者が出現したという。

本書は、満洲報国農場が戦争に勝つために不可欠な政策として重視され、国策として強力に推進されていく中で起こった出来事について、東京農業大学の事例を中心に掘り起こしを試みたものである。

なぜこの悲劇を食い止めることができなかったのか。時代の風潮や政治状況、国際事情など、様々なことを考慮する必要があるはずだが、私たちは埋もれた史実を掘り起こすとともに、「農学」という学問を担った私たちの先達たちの言動を考察することによって、その一端を明らかにしたいと考えた。本来、学問には、国境を越えて真理や正義に奉仕する機能があるはずだが、なぜそれが発揮されず、むしろ国策を煽る役割を演じてしまったのか。学問の内容そのものの欠陥なのか、学問をする人間の側の問題なのか。その答えの一部を、私たちの拙い論述から汲み取っていただければ有り難い。そして、このような過ちを二度と繰りかえさないためにどうすればよいのか、今後、議論の仲間に加わって私たちを叱咤激励していただければ幸いである。

足達と小塩は東京農大の現役の教員であり、その出会いについては第一章に触れられている。もう一人の著者である京大の藤原との邂逅についても、この場を借りて簡単に紹介させていただきたい。足達と小塩が、一年生の農業実習で夜の白熱教室を始めた二年目に、小島庸平さんが私たちの学科に新任教員として着任された(現在東京大学大学院経済学研究科講師)。彼も大いに白熱して議論に加わってくれたのだが、自分の師匠が杉野忠夫に関する論文を書いているということを教えてくれ、間もなく、ゼミの講師として訪れたのが藤原であった。その後の意見交換や議論のなかで、私たちはすっかり仲良くなってしまった。それ以来、東アジア環境史学会で藤原が座長を務めるセッションに小塩を招待したり、安保法制反対の運動の輪に一緒に加わったり、あるいは東京農大満洲報国農場の生還者で、現在立命館大学国際平和ミュージアムで語り部をしておられる村尾孝さんたちの勉強会の講師を藤原が務めたり、足達が参加する東京外国語大学アジア・アフリカ言語文化研究所の「アフリカ農業・農村社会史の再構築」という研究会で藤原が発表したりと、折に触れて、同志としての歩みを続けてきた。今回の共著によって、これまでの歩みに新たな一歩を加えることができ、私たちは心から喜んでいる。

足達は応用昆虫学、小塩は植物生理学が専門であり、二人に関していえば、今回の著作は、まったく専門外の仕事であった。したがって、素人ゆえの誤解や思い込みを恐れる一方、素人としての新鮮な視点を見出していただくこともできるのではないかという密かな期待も抱いている。しかし、実力としては、本書が明治以降の近代農学を形作った知の巨人たちに対する「違和感」の表明に留まっていることは、私たちの自覚するところである。批判ばかりしているが、いったいおまえたちが考える農学はどんなものなのか、という問いがいまにも聞こえてきそうである。もちろん、この問いに正面から答えることが、私たちに与えられている課題であり、いやしくも大学で農学を講じている以上、専門家としてこの課題に応えるべき使命を負っている。藤原は農業の持つ分解的再生機能に着目しており、足達は消毒思想を克服する総合的取り組みの重要性を考えている。小塩はビジネスとしての農業に対抗して、シンボルとしての農業を提唱しているが、詳しい内容は別の機会に譲るほかない。

他にも紙面の関係上、本書で取り上げられなかった課題がいくつかあるが、三点だけ記して読者のみなさんの参考にしていただきたい。第一は、本書でその一端を明らかにした満洲報国農場に関係する重層的な被害に対して包括的な補償立法がなされねばならないという点である。民間人の戦争被害は「戦争中から戦後占領時代にかけての国の存亡にかかわる非常事態にあっては、国民のすべてが、多かれ少なかれ、その生命・身体・財産の犠牲を堪え忍ぶべく余儀なくされていたのであって、これらの犠牲は、いずれも、戦争犠牲または戦争損害として、国民のひとしく受忍しなければならなかったところ」（最高裁判所大法廷判決（昭和四三年一一月二七日））と片付けられているが、決してひとしく受忍すべき犠牲などではあり得ない。政府の責任は明確であり、謝罪と補償を受けるべきことは当然である。

第二は、満洲報国農場に関する碑文の分析である。碑文そのものは、沖縄の摩文仁の丘に林立する石碑群と同様、かつての戦争を賛美・肯定する文面が少なくない。一体どのような力学が働いて反省と不戦の決意を欠いた碑文ができ上がるのか考察が必要である。つまり、碑文が生還者たちの口封じのために建立されたのではないかと思われる場合が多々存在するのである。

第三は満洲報国農場から生還された少なからぬ当事者たちが、主として日中国交回復後、かつての満洲の地を訪問し、謝罪と和解のために並々ならぬ努力を重ね、すばらしい草の根の交流を発展させてきた点である。このような交流を、国際的な枠組みの中で評価・継承する必要がある。日本政府は戦争責任に対する謝罪と補償に関して、極めて不誠実な態度を貫いているが、一方で、このような民間レベルにおける相互交流が開拓されてきたことは注目すべきことであり、政府による謝罪と補償とは別のルートで和解と名誉回復がある程度達成されている場合も存在する。少なくとも、アジアにおける平和構築のための一つの契機が生み出されてきたということを指摘しておきたいと思う。

ここに至るまで、様々な方々から温かいご協力を頂いた。私の不躾なインタビューに応じて下さった専門部拓殖科(旧拓)の方々、とくに一期生の故赤田士朗さん、二期生の石橋健次郎さん、六期生の林恒生さん、故廣實平八郎さん、故田中博也さんとご息女の小田沿子さん、伊藤正男さん、中島敏之さん、七期生の故山本正也さん、故東海林仲之助さん、八期生の天野俊朗さん、小川正勝さん、黒川泰三さん、村尾孝さん、故太田正充先生のご息女である太田淑子さんには、心よりお礼申し上げたい。

本書に臨場感を与えてくれたのは黒川さんの第一人称で書かれた寄稿によるところが大きい。また、故岸本嘉春さんの奥様の千鶴子さんとご息女のみどりさんにも表紙の写真をはじめ貴重な情報を提供いただき、感謝申し上げたい。故廣實平八郎さんの奥様の励子さん、ご子息の正人さん、和人さんにも「日中不再戦」の銅板プレートの写真などを提供していただいた。記して謝意を表したい。

農大報国農場の副場長であった佐久本嗣秀先生は、ドイツが降伏してから、すべての学生を帰還させようと色々と手を打ったが、非国民、敵前逃亡扱いをされ、ひどい目にあったという(廣實平八郎編『生還者の覚書き』)。こういう教員もいたということが後進の私たちにとって救いであるが、そういう教員に限って八期生の学生たちと交流が少なかったのは残念であった。ソ連侵攻の四日前に東安でお生まれになった故佐久本嗣秀先生のご息女である新木秀子さんも折に触れて来校して下さり、心より感謝申し上げたい。また佐久本先生の義父にあたる橋元宗曽さんが書き残された「満洲旅行記」を閲覧させてくださり、東京農大で保管するようご高配頂いた橋元宗和さんにもお礼を申し上げたい。私に専門部拓殖科(旧拓)の方々へのインタビューを促して下さった農業拓殖学科(新拓)五期生の赤地勝美さんには特別な感謝を捧げたい。

さらに、東寧報国農場の経理部長を務めておられた平田弘さん、香川県半截溝報国農場の副場長であられた土居春子先生、奈良県十津川報国農場の玉置泰臣さんとご息女の北川球美さん、東京報国農場の朝倉康雅さんには、インタビューへの協力や種々の資料の提供に加え、終始暖かい励ましと助言を頂いた。また、『凍土の碑——痛恨の国策満州移民』(教育報道社)をはじめ、満洲移民に関する多くの著作を持つ陳野守正さんには、往復書簡により、様々なご教示を賜った。NHKの早川きよさんには、常磐松開拓団に関する情報提供をはじめ、太田淑子さんへのインタビューや小川さん・黒川さん・村尾さんの証言の記録など、熱心なご協力を頂いた。記して心からお礼申し上げたい。

また、農大図書館相互協力係の飯野さん、農大生協書籍部の勝原さん、佐々木さん、佐藤根さん、高嶋さん、手島さん、中村さん、野本さん、松本さん、村上さん、百井さん、森川さん、守谷さんには、資料収集に多大なご協力をいただいた。さらに、立命館大学経済学部の細谷亨先生には『神奈川「満州」開拓団　神奈川県報国農場　清水「満州」開拓団』（神奈川の「満州」開拓団を記録する会）を、新潟大学人文学部の広川佐保先生には松本理沙さんの卒業論文を、快くお貸し頂いた。お互いに研究者であるとはいえ、面識のないものに貴重な文献を貸し出すことにはかなり勇気が必要である。御厚意に応える内容になっているかどうか心許ない限りであるが、ここにお礼を申し上げたい。さらに神奈川県の報国農場に関する様々な情報や名簿を提供してくださった井上三男氏にも感謝したい。

そして、東京農大「食と農」の博物館で展示を引き受け、助力を惜しまれなかった元館長の上原万里子先生、元副館長の大林宏也先生、学芸担当教授の黒澤弥悦先生、事務室の安田清孝さん、西嶋優さん、大石康代さん、村山千尋さんにも感謝の意を表明したい。また、入試センター広報担当の鈴木敬吾さんには本書執筆に関して深い関心を寄せていただき、励ましと助言を頂いた。

本書とは直接関係ないかもしれないが、小塩にとって、満洲を知る契機となった三人の方の名前を記させていただきたい。故小川武満牧師からは、満洲事変の当夜、医学生として歩哨に立ち、翌朝、親しかった車曳きの青年が誰何（すいか）の日本語が聞き取れなかったため撃ち殺されていたのを発見した衝撃や、日中戦争終結のための戦犯処刑に軍医として立ち会い、日本の戦争責任を負わされて銃殺されていった若者たちの最期の脈をとった話など、貴重な体験談を何度も聞かせていただいた。また、三人の子供を連れて満洲から引き揚げた体験を毎年話してくれた故北村正代さん、奉天教会の様子を詳しく話して下さった故山下勇さんにも大変お世話になった。このような体験がなかったなら、私はキャンパス内の慰霊碑を素通りしていたはずである。

最後に、忘れてはならないのは、愛すべき東京農業大学国際農業開発学科の学生たちである。みなさんの真剣なまなざしが私たちを後押しし、支えてくれたことは是非とも明記しておかなければならない。今回、私たちは、みなさんが始終聞かされているはずの建学の精神とか実学主義とか、あるいは農大の「生みの親」榎本武揚や「育ての親」横井時敬について、普段学内で語られているのとはかなり異なる角度から描いてみた。果たしてどちらが等身大に近いのか、是非ともご自身で吟味していただきたい。黒川さんの原稿起こしを担当してくれた田上佳裕君、折に触れてお手伝いいただいた御手洗悠紀さん、伊井勇君には特別に謝意を表したい。

いま、足達と小塩が危機感を抱いているのは、例えば出典すら不明な「稲のことは稲にきけ、農業のことは農民にきけ」の言葉が、何の疑いもなく横井時敬の言葉として称揚されている東京農大の知的状況である。*『横井博士全集』を読めば、この人のあからさまな農民蔑視は覆い隠しようもなく、彼が農民から何事かを学ぼうなどと考えていなかったことは明らかである。横井なら、まちがいなく「稲のことは俺にきけ、農業のことも俺にきけ」というに決まっている。

最後に、本書が、ミレーの種まく人をシンボルマークとしている岩波書店から世に出されることを心からうれしく思う。東京農大「食と農」の博物館における私たちの講演会に参加して下さり、当事者とのインタビューにもお付き合いいただき、最もよき読者として終始適切な助言を下さった編集者の渡部朝香さんに心より感謝申し上げたい。テクニカルな助言に留まらず、私たちの志に共鳴して下さり、企画に載せて下さったことに、お礼を申し上げたい。

この本を手に取って下さる生還者のみなさんや学生諸君と顔を合わせて話ができる日を心待ちにしていることを記して、終わりの言葉とさせていただく。

二〇一九年一月

小塩海平

＊「稲のことは稲にきけ、農業のことは農民にきけ」という言葉の出典が不明であることは、横井の直系の弟子を自認している金沢夏樹、松田藤四郎が編集した『稲のことは稲にきけ――近代農学の始祖　横井時敬』(家の光協会、一九九六年)の序にも記されている。しかも問題なのは、そういう事実を知っている松田自身(第九代東京農大学長)が、「横井時敬は学生に対し、常に「稲のことは稲にきけ、農業のことは農民にきけ」と説き、実験、実習、演習、農村調査を重視した」などと述べていることである(『横井時敬と東京農大』東京農大出版会、二〇〇〇年、一一七頁)。私自身も、つい最近まで、この警句が横井自身のものであると思い込んでいた。

足達太郎
1963年，奈良県奈良市生まれ．東北大学農学部卒業，東京大学大学院農学生命科学研究科博士課程修了．東京農業大学国際食料情報学部国際農業開発学科教授．専門は応用昆虫学．昆虫をふくむ野生動物と人間の軋轢と共存に関心がある．著書に『アフリカ昆虫学』(共編，海游舎)，『国際農業開発入門』(共著，筑波書房)等．

小塩海平
1966年，静岡県浜北市生まれ．東京農業大学農学部農業拓殖学科卒業，東京農業大学農学研究科博士後期課程修了．東京農業大学国際食料情報学部国際農業開発学科教授．専門は植物生理学．花粉飛散防止法の開発や，植物工場の批判的検証などを手がける．著書に『インドネシアを知るための50章』(共著，明石書店)等．

藤原辰史
1976年，北海道旭川市生まれ．京都大学人間・環境学研究科中途退学．京都大学人文科学研究所准教授．専門は農業史．著書に『給食の歴史』(岩波新書)，『トラクターの世界史』(中公新書)，『戦争と農業』(インターナショナル新書)，『稲の大東亜共栄圏』(吉川弘文館)，『決定版 ナチスのキッチン』(共和国)，『カブラの冬』(人文書院)等．

農学と戦争 知られざる満洲報国農場

2019年4月24日 第1刷発行
2019年8月26日 第2刷発行

著 者 足達太郎（あだちたろう） 小塩海平（こしおかいへい） 藤原辰史（ふじはらたつし）

発行者 岡本 厚

発行所 株式会社 岩波書店
〒101-8002 東京都千代田区一ツ橋2-5-5
電話案内 03-5210-4000
https://www.iwanami.co.jp/

印刷・三秀舎 カバー・半七印刷 製本・松岳社

ISBN 978-4-00-001826-5 Printed in Japan